我才二十几岁，应该是最开心、最大胆的年纪。此时的我，人生充满无数种可能，前方的道路虽然未知，但值得冒险。

生活又不是单选题，不是非要有个
是非对错才肯罢休，何必执着于此。
太认真，你就输了。

在虚假的世界里待久了，在现实生活里我反而不知道如何自处。我感受不到现实生活的意义，也不懂得如何去寻找真正的快乐与存在感。

我一直认为，人生只有一次，一定要活得精彩、活得有价值。但是，过有意义的人生，要先学会对自己负责，而对自己负责的第一步就是学会勇敢。

后来的我，慢慢明白，其实不论是爱情还是友情，不论是注定要分开还是会一起共度余生，我们都要在相处的过程中好好相处，好好说话，好好陪伴彼此、珍惜彼此。

所有人都在教我们如何跟外界沟通，如何更加准确地表达自己的观点，如何有效倾听，却忽略了一点：孤独，才是人生的必修课。

挫败感会导致我们的成就感、安全感荡然无存,这才是最可怕的,会直接摧毁我们的自信心。

给自己一个机会去尝试生命的其他可能,即便最终会失败,那也是自己尽力做过了,总好过以后遗憾地说:"我原本可以,可是我没去做。"

趁早把生活
折腾得
与众不同

树獭先生 著

古吴轩出版社
中国·苏州

图书在版编目（CIP）数据

趁早把生活折腾得与众不同 / 树獭先生著 . — 苏州：古吴轩出版社，2017.11（2018.12重印）
ISBN 978-7-5546-1029-9

Ⅰ . ①趁⋯　Ⅱ . ①树⋯　Ⅲ . ①人生哲学—通俗读物　Ⅳ . ① B821-49

中国版本图书馆 CIP 数据核字（2017）第 258132 号

责任编辑：蒋丽华
见习编辑：顾　熙
策　　划：孙倩茹
装帧设计：kirin

书　　名：	趁早把生活折腾得与众不同
著　　者：	树獭先生
出版发行：	古吴轩出版社

地址：苏州市十梓街458号　　邮编：215006
Http：//www.guwuxuancbs.com　　E-mail：gwxcbs@126.com
电话：0512-65233679　　传真：0512-65220750

出 版 人：	钱经纬
经　　销：	新华书店
印　　刷：	天津翔远印刷有限公司
开　　本：	880×1230　1/32
印　　张：	9.25
版　　次：	2017年11月第1版
印　　次：	2018年12月第2次印刷
书　　号：	ISBN 978-7-5546-1029-9
定　　价：	38.00元

如发现印装质量问题，影响阅读，请与印刷厂联系调换。0222-9908618

目录

第一章　在最容易出众的时代，你怎么敢甘于平凡

宁愿笑着流泪，也绝不哭着后悔 / 002

二十几岁，要让生活多一点儿可能性 / 008

你有多无力，瞧不起你的人就笑得多用力 / 014

所谓不公平，从来都是因为你不够好 / 021

没有输在起跑线上，却败在了父母的期望里 / 027

你的价值决定了你的格局 / 034

混日子的人下场都很惨 / 041

最怕你放弃努力，还觉得理所当然 / 047

第二章　你连自律都做不到,还奢谈什么自由

054 / 你所谓的效率,可能只是焦虑

062 / 没有自愈能力,再多的"鸡汤"都拯救不了你

068 / 总是患得患失,因为你太闲

075 / 想让别人帮你,这四点你拎清了吗

083 / 别让你的生活毁在情商上

093 / 关闭朋友圈,只是你对生活的逃避

100 / 越能放下自己的人越快乐

第三章　你的善良，必须有点情商

永远不要为了讨人喜欢而改变自己 / 108

你的善良，必须有点情商 / 116

不要总是被爱裹挟 / 122

姑娘，我为什么不同情你 / 128

比成熟更重要的，是跟自己好好相处 / 134

这世上从不缺善良，缺的是原则 / 140

真正厉害的人，都很会为自己争取 / 147

第四章　别把生命浪费给不爱你的人

154 / 那个说要娶你的男生，后来怎么样了

160 / 我曾爱过你，想到就心酸

166 / 他只是想暧昧，并不是喜欢你

174 / 你为什么不敢分手

182 / 那些偷偷爱着你的人怎么办

190 / 找一个能跟你一起吃饭的人在一起

196 / 不是所有的爱都是理所当然

199 / 多少感情输在了聊天记录上

204 / 我们已经过了耳听爱情的年纪

211 / 毕业季，能不能不分手

218 / 找一个愿意为你变成熟的男人在一起

第五章　理想的人生，是不被生活掌控

既有爱的能力，又有爱的底气 / 224

接受了人生的残酷，依然心存美好 / 232

你看到的光芒万丈，都是水滴石穿的努力 / 239

节制，是另一种高贵 / 246

成年人的生活，更多的是责任 / 253

因为是姑娘，所以更要努力呀 / 260

没有天赐的平等，只有搏出的公平 / 267

姑娘，愿你单纯也光芒万丈 / 273

第一章

**在最容易出众的时代,
你怎么敢甘于平凡**

最怕你碌碌无为还心安理得,一事无成还追求岁月静好。

宁愿笑着流泪,也绝不哭着后悔

-1-

六饼在群里说:"说实话,我前一段时间是真的想放弃来着。"

我回了句:"说实话,我每时每刻都想撂挑子不干了。"

六饼和我一样是自己开公众号写文章的,白天上班,工作时忙前忙后,晚上下班还要写公众号文章。

我好像已经有两个月没有逛过淘宝网了,因为挑东西真的太费时间。只是偶尔在当当网买书,一买就是十几本。自从开了公众号,看电影再也不是开心地笑笑而已了,而是想着要从里面学到什么,有什么好的话题可以用来写公众号的文章,对于电影所表现的主题有没有更深刻的理解。

说多了都是泪，感觉生活一下子失去了很多乐趣。

我很晚才开始在简书上写文章，打理公众号就更晚了，错过了所谓红利期，再加上刚开始自己的写作技巧也没有那么娴熟，所以最终的结果就是自己拼死拼活付出了那么多，可到头来获得的东西跟预期的相差甚远。再看着身旁的小伙伴们，他们飞速地成长着，这让我分分钟都想放弃。

付出了很多，但是实际收获与预期的差异太大，导致强烈的挫败感。而挫败感，不仅会让我们怀疑之前的一切努力，还会严重打击我们的自信心，甚至可能会让我们产生放弃的念头，放弃之前的所有成果。

-2-

想起高中文理分科的时候，我莫名其妙地就随大流选了理科，可是我一点儿也不喜欢理科，尤其是对错综复杂的物理题，更是感到抵触。

物理老师在上面讲课，我在下面就像听天书，明明每个字都认识，却愣是听不懂老师在讲什么。那些相似的公式，我到现在都搞不明白有什么区别，怎么看都觉得长得一样。

意料之中，我的物理成绩超级差，一直都徘徊在及格边缘，100分的卷子我能考到70分就已经谢天谢地了。物理成了我所有科目中的最短板，每次的成绩都是被物理给拖下来的。

高三的时候，我立志要提高物理成绩，从最基础的课后练习题到有点难度的习题，我都会认真地做，也很认真努力地学。

月考的成绩出来时，与之前的成绩比虽然有了一点点提升，但是总成绩依然很糟糕。几次下来，我都感到绝望了，干脆放弃了物理这门学科。

高考成绩出来后，我的理综成绩是全班最差的，比同桌低了整整60分。这在我预料之中。

后来想想，其实我在高考之前的理综成绩是有进步的，虽然每次提升的幅度很小。这说明我对物理知识的把握程度是在慢慢提高的。而我太心急，根本看不到那一点点进步，刚付出没多久，就想立马得到回报。预期结果跟现实差距太大，直接摧毁了我的自信心。

-3-

对于挫败感，我们都不陌生。考试没考好；跟喜欢的人告白被拒绝了；参加了很多场招聘会，却没有找到合适的工作；刚开始工作总是犯各种小错误，被领导批评了。这些事不断地影响着我们的情绪，进而影响着我们的生活质量。

当我们的现实收获与期望值差距较大时，我们的成就感和安全感就会顿时减少。

随着年龄的增长，我们必须要接受一个事实：我们想要的并不是都能够得到满足，我们的努力并不是都能够立刻得到回报。

我们要静下心来，接受这样的事实，承认这些东西，然后调整心态再出发。

有的时候，我们最怕跟别人比较，大家都是一起从零开始奋斗的，别人进步得那么快，反观自己却一无所有，顿时就感到泄气了。

蔡康永说："有一句安慰人的话，是'比上不足，比下有余'。但是这句话安慰不了人，只要常常存着跟人比较的心，就不会快乐。"所以，要学着接受差异，接受自己与别人的差异，别总是去跟别人比，越比较，越难过。

挫败感会导致我们的成就感、安全感荡然无存，这才是最可怕的，会直接摧毁我们的自信心。

所以，当我们正在为一件事拼命的时候，如果暂时没有达到预期的结果，就学会为自己制造一些成就感。比如，每天把要完成的大任务分成若干部分，每完成一点儿，就给自己一个夸奖，犒劳一下自己。

承认自己的每一个小进步，累计起来也是成功的。

挫败感在很大程度上影响着我们的情绪。一定要想办法让不良情绪及时得到释放，让自己的状态好一些，再继续下去。

-4-

之前的我，为了简书文章的阅读量，为了公众号的粉丝数量，为了能写出好文章，经常愁得睡不着觉，看到自己的现状十分抓狂。后来被朋友开导之后也就释然了，毕竟开始做的时间太短，毕竟以后的路还很长，何苦非要现在就执着于成果不放呢？还不如什么都放下，专心写东西，写自己想写的，写自己爱写的。

第一章 在最容易出众的时代，你怎么敢甘于平凡

仓央嘉措曾说："这世界，除了生死，哪一件事不是闲事。"

我们都渴望尽早实现自己的理想，尽早获得财务自由，可是，人生路漫漫，有很多事情不是急就可以做好的，欲速则不达。还是要踏踏实实，一步一个脚印地走过去。

大多数人的毛病在于想得太多，而做得太少。 不要想太多没有意义的事情，也不要太着急，慢慢坚持下去吧。可能短时间内看不到成效，等到时间轴稍微拉长一点儿，你就可以看到自己生活的巨变了。

有时候，我们拼的不是谁快，而是谁能够坚持到最后。只要肯付出努力，就会一点点改善现在的生活。

慢一点儿就慢一点儿吧，走到最后的才是王者。

二十几岁，要让生活多一点儿可能性

$-1-$

过两周公司就要放假了，同事都已经订好出去旅游的机票了，我还在纠结要不要趁着放假去上海看看有没有好的工作机会。

毕业以后来到绍兴工作，虽然山清水秀，工作清闲，虽然不用承担房租、物业费、水电费等，只要每月混吃等工资就好了，但是，这份工作依然让我觉得不开心。

不是工作不好做，也不是同事不好相处，更不是跟领导合不来。

而是有一个更重要的原因。

第一章　在最容易出众的时代，你怎么敢甘于平凡

我之前看过一本书——《所谓的天赋，只不过是义无反顾》——里面讲到，居住环境的差异，导致人与人之间产生眼界、性格、做事风格等方面的差异，而这些，是多少钱都买不来的。

我忽然联想到自己，目前居住的地方是在绍兴的一个小镇上的工业园区。虽说所在的公司是上市公司，但是工作环境以及工作性质导致我每天接触的人和新鲜事物少之又少，白天对着电脑，下班回宿舍依然对着电脑。

我很清楚地意识到这份工作做久了对我造成的影响。由于我很长时间以来缺少与外界的接触，视野越来越狭隘，眼光也越来越跟不上潮流。

这种生活虽然舒服，但是会像温水煮青蛙一样，让我一点点地被周围的事物同化，失去竞争能力，最后真正成为一个混吃等死的废物。

你会逐渐对新鲜事物失去敏感，在市场上失去竞争力，原本该朝气蓬勃的心，也会变得苍老。

这才是最残忍的。

-2-

但是，真要换工作，我也有点担忧。因为我不知道换什么工作，更不知道我以后的人生会走向何方。

我考虑去做新媒体，但是又很担心新媒体与财务是两条截然不同的道路，一旦做出了选择，就再也没有回头路可走，万一我在新媒体方面失败了，可能就要喝西北风了。

虽然说，二十几岁的我们，人生才刚刚开始，可以任性地选择，可我总是拿不准，怕走错路。我畏首畏尾地在这些小事上纠结，好像选错了就是万丈深渊一样。

仔细想想：我才二十几岁，应该是最开心、最大胆的年纪。此时的我，人生充满无数种可能，前方的道路虽然未知，但值得冒险。

我还很年轻，一直在学习，一直在成长。

对于这个世界，我还有很强的好奇心和求知欲，我还有好多地方没有去过，好多美景没有看过，好多美食没有吃过。

我要做的应该是让自己尽全力去尝试各种感兴趣的、新奇的东西，从而找出最适合自己的。

找工作也是如此，给自己多一点儿机会，去试试不同的职业，看看自己最喜欢什么、最适合什么。而不是贪恋眼前的一丝安稳，瞻前顾后，畏首畏尾。

不妨放开手，给自己的人生多一点儿可能性。再艰难也好过在一个既定的圈子里，过一眼就望到底的生活。

-3-

我有一个同事，已经在这个公司待了二十多年了，到现在还是财务部的一个普普通通的会计。

领导可以随便给她加任务，不管她有多累；老同事经常让她背黑锅，吃定了她性格软弱，不敢多事。

她很善良，却受到了很多不公平的待遇，而这些不公平，都是由她自己造成的。

她有个关系很好的朋友曾劝她："你在公司的地位都这样了，怎么还不离开呢，你在图什么？"

她唯唯诺诺地说："我也想走呀，可是，我都这把年纪了，出去了还有哪个公司肯要我呢？"

她给自己画了一个怪圈，认定自己只能在这个公司里工作，担心自己适应不了外界的环境。她没有勇气去冒险，只能继续忍气吞声下去。

她在很年轻的时候，完全可以选择提升自身的价值，让自己更有竞争力一些。可是，她选择了安逸与清闲，在这里一待二十多年，以致她现在想跳槽都没有竞争力。

她给人生上了一道枷锁，她抹杀了自己人生的可能性。

-4-

我开始写文章的时候，也是有过几分犹豫的。觉得这样做没有什么意义，也不知道能不能做出什么成就，能不能改变自己的生活。

不做，我不甘心。做，我又怕做不好。

于是我决定先给自己八个月的时间，从四月份到年底，让自己放心大胆地去试一试。让自己在尝试朝九晚五的工作之余，也能享受另外一种生活。

罗振宇曾在《罗辑思维》里说，你中午在订外卖时不知道选什么，不是因为你有选择困难症，而是有很多好吃的东西你不知道。网络上可以选择的美食太多了。

你纠结是因为读书太少而想得太多，说到底还是眼界出了问题。

所以，一定要趁着年轻，去尝试各种新鲜事物，让自己有更丰富的经历，体验各式各样的生活，以便在以后做决定时，知道自己该怎么选。而不是很多东西你压根儿就没接触过，却要在当中进行选择。

给自己一个机会去尝试生命的其他可能，即便最终失败了，那也是自己尽力做过了，总好过以后遗憾地说："我原本可以，可是我没去做。"

二十几岁的年龄，千万不要因为满足于当下的稳定和安逸就放弃其他选择，要尽力去尝试、去体验，看看你能走多远、飞多高。不敢去尝试生活的其他种可能，你很难过上自己想要的人生。

说不定，不断折腾的人生才是你最想要的呢？不试过，怎么会知道？

你有多无力，瞧不起你的人就笑得多用力

-1-

"纠结姑娘"去年大学毕业，在上海一家大型的上市企业做财务。人呢，善良单纯，可爱大方，工作也认真，爱读书，爱运动，典型的乖乖女。

但是，为什么要叫她"纠结姑娘"呢？因为她有着很多人的通病——没有主见。遇到任何问题都不知道该怎么办，一定要问问周围人的意见。问这个，问那个，纠结半天之后，还是不知道怎么办。

那么，"纠结姑娘"最近又遇到什么问题了呢？

"纠结姑娘"是学财务的，对于她们这一行来说，考证是逃不掉的大关，会计从业资格证、会计初级证书，有了工作经验之后，还要考中级会计职称，更有抱负者，一毕业就冲着注册会计师去了。这可是相当难考的证书呀。

"纠结姑娘"对自己的职业计划是，一定要在三年之内考过注册会计师，工作四年之后考中级会计职称。

我相信"纠结姑娘"的学习能力，而且也知道她特别热爱这个专业，所以一直在为她鼓励打气。

这明明是好事呀，"纠结姑娘"为什么要难过呢？

原来，事情是这样的，有几个平常比较熟悉的同事在一次吃饭的时候偶然间知道了"纠结姑娘"要考注册会计师的事，就一番"好心"劝告：

"你没事考什么注册会计师呀，特别难考，没几个人可以考上的。"同事小丽说。

"纠结姑娘"刚想说，她大学同学去年刚刚考过了三门，另一个同事就把话接了过去:"哎呀,据说注册会计师考出来也没什么用,一般都是到了事务所才会用得上,工资也不会提升多少,你费那个劲干什么呀?"

"纠结姑娘"反驳说:"那我可以去事务所工作呀。"

这位同事又说:"事务所一般都愿意招那些应届生,你毕业了好几年再拿证没有什么意义。"

"纠结姑娘"不知道说什么了,好像对方说得都在理,又好像哪里不太对,只能低头默默地扒着碗里的饭。

本来不是什么大事,可是类似的声音不止一次地出现在她耳边,"纠结姑娘"快被压得喘不过气了。

最近部门的一位同事离职了,跳槽去了其他公司。这时候就有人问"纠结姑娘":"你什么时候走?""纠结姑娘"一脸迷茫,去哪里呀?这位同事一副洞悉人情的样子,悄悄靠近"纠结姑娘",神秘地说:"还能去哪里呀,辞职呀。"

"纠结姑娘"心里想,好好的,为什么要辞职呀,况且,我才工作半年呢,就算跳槽也得有被人看好的实力呀!

见"纠结姑娘"没说话,这位同事就继续说:"你说你,刚毕业就来这个破地方，地方偏僻，交通不方便，工资也低，才三千左右，发展前景也不好，你看我，工作了这么多年才这么点工资。对了，你还没男朋友吧？你说你，图什么呢？"

"纠结姑娘"想问，公司这样不好，你为什么待了这么多年还没辞职呢？但是怕伤了和气，就默默回到自己的办公桌前工作了。

"纠结姑娘"问我："姐，我到底该怎么办？"

"井底之蛙的故事你应该知道吧，青蛙以为天空就井口那么大点儿，并不仅仅是因为它见识浅陋，还因为它有一颗不肯进取的心以及不愿思考的头脑。"我回答她。

-2-

有些人，她经历的事情就是那样，她过的生活也就如此，所以她相信，她做不到的事情你也不行，她的生活是这样，你也不能比她好。她不愿相信这件事，于是尽全力去劝诫周围人：这样的方法是行不通的，别白费力气。

可是，其实呢，她的内心充满恐惧，她害怕自己一直坚信的原则被一个不谙世事的小丫头打破，她更担心你过得比她好。

说到这里，相信"纠结姑娘"又要皱眉头了，怎么可以这样呢？

这就是人性的弱点，我们每个人都有。就跟我们宁愿成功的是毫不相识的陌生人，也不愿是我们周围平常一起吃饭玩耍的朋友。这是一样的道理。只不过有些人，利用自己的知识和思考能力，成功地从这个怪圈里走了出来，散发着属于自己的光芒，而有的人，始终留在这个圈子里，不但不愿走出来，还要劝你跟她一起。

"纠结姑娘"的故事让我不禁想起了以前的自己。

大学快毕业的时候我想考一所心仪已久的院校的研究生，并且一直在为此努力。

那个时候，我真的十分刻苦，在舍友还在睡梦中的时候，我已经去了图书馆自习室，等到晚上回来的时候，舍友已经睡了。舍友常常跟我打趣说："为什么我们住在同一个屋檐下，我却感觉我们好久都没见过了呢？"

有一天，我接到了我表哥的电话。我表哥从小跟我一起长大，大我两岁，因为在高中时复读了两年，后来跟我同级，最后去了

第一章　在最容易出众的时代，你怎么敢甘于平凡

一所我没听过的三本院校。

有一回他打电话给我，上来就说："听说你要考研究生呀，你觉得以你的水平能考上吗？"然后就是一阵笑声，我不知道怎么回答。因为我完全没有料到从小到大和我一起长大的表哥给我打电话就是为了问我这个。

周末回到家之后，母亲告诉我，表哥前不久来我家，听说我要考研究生，极力说服我母亲让她阻止我。

理由无非就是，女孩子读个本科就不错了，读什么研究生呢？读出来都多大了，还结不结婚了？而且我们家家境也不好，考上了研究生也支付不起这么贵的学费呀！

我当时听到母亲转述这些话时，差点没被气晕。我真想对他说："我什么时候结婚与你何干？请你先理好自己的事好吗！还有，你不知道有一种东西叫作奖学金吗？"

幸好我母亲比较明智，他这些话对她不起作用。

今年春节我去他家做客，这位表哥本来还想就我不做家务这件事对我进行说教，一看我气势不对，就默默地把要说的话咽了回去。

有一种人，平时不会做什么伤天害理的事，但他对生活的一知半解以及他不愿进取的态度，加上喜欢给人灌输各种道理的本性，会逐渐浇灭你对生活的信心，一点点吞噬你的思考能力。等到他终于把你改造成像他一样无聊的人，他就成功了。

所以，遇到那种动不动就跟你说"这样做没用"的人，如果你口才不好，就当自己没听到，继续去干你要做的事情，不要因为他的"劝诫"停止，离他越远越好；如果你口才好，就好好教育教育他，别让他没事出来祸害小朋友。当然，你的教育可能并不会起什么作用。

所谓不公平,从来都是因为你不够好

-1-

前两天看到这样一个故事:有一个小男孩和一个小女孩在一起开心地做游戏。男孩收集了很多很多的石头,女孩拥有很多的糖果,男孩很想吃糖果,就想用所有的石头去换女孩所有的糖果。

小女孩同意了。

男孩背着女孩,将最大的和最好看的石头偷偷地藏了起来,把剩下的给了女孩。女孩就像当初答应的一样,将所有的糖果毫无保留地给了男孩,然后开心地回家去了。

那天晚上,小女孩睡得特别香,她梦见自己周围有很多五彩斑斓的石头，她光着脚丫踩在上面，咯咯地笑个不停。而小男孩翻来覆去彻夜难眠，他一直在想：小女孩是不是也跟他一样，将最好吃的糖果藏了起来。

不要笑这个小男孩的幼稚与自私，很多时候，我们都是那个小男孩，我们总以为别人会跟我们一样，交换付出的时候有所保留。

上大学的时候，每到学期末，"学霸们"就会将自己上课时记下的重点知识与对试卷的分析预测整理出来，以便临考时复习。但是每个人的想法和思维都有局限性，而这个时候的"强强联合"无疑是获得高分的最快途径。

于是，小团体们纷纷拿出自己的压轴内容，互相交换。有的人特别爽朗，直接将自己的东西和盘托出，分享给大家。而有的人总是谨小慎微地交出自己的东西，就算是交出来也只是一部分，从来不愿意分享。

每个人都想考高分，每个人都想拿奖学金，那些不愿分享自己学习资料的人也情有可原。

和盘托出分享自己资料的人拿到对方的资料就开开心心、认认真真地对照着学习去了，因为他相信对方给他的也全是最好的内容。有所保留的人在认真复习之余，经常要去对方那里突击检查一番，总是害怕对方隐瞒了最重要的部分，寝食难安。

以小人之心度君子之腹，谁的身边没有几个这样心胸狭小的人？他们以为别人也同他们一样，从不付出，永远把最好的留给自己，总是想方设法地试探别人的真心。

坦荡无私的人总觉得别人会像自己一样把最好的都留给别人，所以他们总能开心地、专注地去干自己的事。

-2-

前一段时间，看《欢乐颂》的时候，我最喜欢看小包总和安迪的对手戏，一个诙谐幽默，一个智慧美丽，两个人真是绝配。

小包总第一次与安迪见面的时候，礼貌地给了她一张名片，却发现安迪并不像自己认识的那些职场中的女人，她表现出来的干练与率真深深地打动了他，他瞬间对安迪好感倍增，开车追了出去。在路上，他递给了安迪第二张名片。

安迪笑着说："自己是拥有两张名片的人，总以为别人也会跟他一样，拥有两张名片。"

第一次吃饭的时候,安迪点了一杯咖啡,小包总有点尴尬,说:"怎么?连跟我一起吃顿饭的时间都不愿意给啊。"

安迪愣了一下,解释道:"不好意思,我回国之后,还没学会怎么点菜,一般都是别人替我点的。"

这下轮到小包总发愣了:"不好意思,是我以小人之心度君子之腹。"

小包总在职场打拼了多年,见识了形形色色的人物,也出入各种场合,自以为已经摸清楚了职场的规则,自以为面前的这个人跟一般人一样,是因为不愿意跟他多讲话,不愿意跟他多一点儿单独相处的时间,才点了杯咖啡,想尽快终结这场会面。他却没想到,人家真的只是不会点菜而已。

每个人所生活的环境不同,每个人的性格和为人处世的风格也有差异。有的人爽朗洒脱、干干脆脆,所以说话也是直截了当;有的人谨慎小心、做事周全,所以做事情总是三思而后行。

人生来就有差异,这无可厚非。可是,在生活中,我们已经习惯了用自己的想法和思维,去揣度别人的行为举止,总以为别人的出发点和我们是一样的。

于是，坦荡者更加坦荡，自私者更加自私。

这世界上，自私的人并不能让自己生活得安心快乐，而坦荡所带来的幸福是上天给予坦荡者的最好的回报。

-3-

别说普通人，大才子苏轼也犯过以己度人的错误。

苏轼和佛印是好朋友，两个人经常一起参禅打坐，佛印老实，经常被苏轼欺负。在一次打坐中，苏轼问佛印："你看看我像什么呀？"

佛印说："我看你像尊佛。"苏轼听了哈哈大笑，说："可是我觉得你坐在那里，就跟一堆牛粪一样。"佛印无话可说。

回家之后，苏轼沾沾自喜，将今天发生的趣事告诉了苏小妹，苏小妹听完冷笑了一声："哥哥，这次你又输了。"

苏轼不解。苏小妹解释道："参禅人最讲究心性，你心中有什么，你看到的就是什么。佛印说，看你像尊佛，说明他心里有尊佛，而你说佛印像牛粪，你心里到底想的是什么呢？"

苏轼恍然大悟，为自己的想法惭愧不已。

我们总抱怨这个世界不公，抱怨自己的努力得不到回报，抱怨别人对我们不够好。可是很多时候，都是我们在以自己的想法和思维去思考问题，因为眼界狭窄，以及心胸不够开阔，所以看到的问题难免片面。

如果你总觉得这个世界很阴暗，那是因为你内心有了太多的负能量。让自己试着积极一些、主动一些，待人接物坦荡一些，时间久了，你就会发现，一切都变得更好了。

坦荡者，所见之处，都是坦荡。自私者，眼里、心里全是计较。改变这个世界很难，改变自己却很容易，你觉得别人对你不公平，那一定是因为你哪里做得不够好。

让自己活得坦荡，活出自己想要的人生，才是改变别人的看法、改变自身状态的最好方式。你活得越坦荡，内心越坦荡、自由。

第一章 在最容易出众的时代，你怎么敢甘于平凡

没有输在起跑线上，却败在了父母的期望里

—1—

一位17岁的读者跟我说，她想离家出走。

因为她妈妈总是骂她，嫌她学习成绩不够好，嫌她没有邻居家的小孩懂事。

小姑娘一脸愁容地告诉我，她已经非常努力了，也在一点点进步。可是，她还是达不到妈妈的期望，问我该怎么办？

"每次考试回来，我都要面对家里的低气压。看着妈妈一脸失望的表情，听着她不经意间的叹气声，我真的好无力。我想逃离这个家，逃离那对我充满期望又变得极度失望的眼神。"

我不知道怎么安慰这个小姑娘。跟她相处了一段时间，我看得出来，她真的是一个非常认真、非常努力的孩子，可是无论怎样努力还是达不到父母的期望，以至于灰心丧气甚至绝望，想要选择离家出走来对抗父母。

她和我一样。这么多年，无论在什么场合，当我不知道与朋友聊什么时，脑海里总会出现这样的声音："唉，不知道这次考试能考多少分。"

这句话像魔咒一样，无时无刻不在伴随着我。

小时候，考试总能成为一个话题的开始，我们总能由此聊到学习生活、同学和老师。

高中时，我们依然可以用这句话开始一段对话，毕竟，我们共同面临着高考大山。每次月考的成绩排名，都是大家谈不厌的话题。

上了大学，乃至毕业以后，我的脑海里还会浮现出这句话。不论在什么场合，只要我找不到话题，它就会自动跳出来。

我也知道，成年人的很多心理问题都是小时候的创伤造成的。小时候的需求得不到满足，有可能造成潜意识里的缺陷。长大后，这份缺陷总要从其他方面得到弥补。

上小学的时候，邻居的几个孩子跟我同班。每次考完试，家长们总是会拿自己孩子的成绩跟别人家的比较。成绩好的回去被父母夸奖一番；成绩差的，回去要么是被父母鼓励，要么是受到一番训斥。总之，家长的目的就是让孩子考第一。

小小的我是这么理解的，爸妈很看重我的成绩，只要我考了好成绩他们就会开心，就会夸我，给我买好吃的。周围人很关注我的成绩，因为他们见到我说得最多的一句话就是"你这次考了多少分"，所以只要跟他们谈成绩，他们就会把注意力放到我身上来。如果我成绩好，他们还会夸我认真，夸我聪明。对我而言，这句话在任何场合都是万能的，都会让我得到表扬。

为了考高分，我加倍努力地学习。并不是我把这件事看得有多重，而是我的潜意识告诉我：高分，总能让我得到父母的夸奖、别人的注意。我用自己的认真努力去满足父母的期望，去得到我想要的东西。

这样的不良关系对我造成了很大的负面影响。以至于，我在成年后，脑海里还一直浮现着这句话："唉，不知道这次考试能考多少分呢？"

小时候的我将满足父母的期望当成学习的目标，将快乐建立在满足别人的期望上，根本不了解学习的真正意义和生活的真正乐趣。以至于成年后，我仍陷在这个恶性循环里。我会不自觉地去迎合别人、讨好别人，试图达到别人对自己的期望。

-2-

《无声告白》里，大女儿莉迪亚永远活在父亲和母亲的期望里。

她的母亲医生梦想破灭了，当了一名家庭主妇。所以母亲希望自己的女儿在理科方面有着优异的成绩，有意将女儿培养成一名优秀的女医生。

她的父亲詹姆斯，朋友比较少，所以他希望女儿在社交方面能应付自如，尽快融入人群中。可是这些都不是莉迪亚真正想做的，她最大的愿望就是当一名家庭主妇，与一家人开开心心地生活，仅此而已。

然而，家庭的种种原因使莉迪亚的这种想法根本不可能实现。

她爱她的父母，爱她的家人，为了让父母开心，她按他们的期望去生活。只有这样，她才能得到父母短暂的爱与笑容。为了这个家庭，她放弃了自己最想做的事情。她一边认真学习枯燥难懂的理科知识，一边想方设法融入人群中。

她被迫承载着父母的梦想，压抑着自己内心不断涌起的痛苦。

然而，医学知识的难度超出了她所能承受的范围。她发现，自己真的达不到父母的期望，也没有勇气再去面对父母失望的语气和难过的眼神。最终，她选择了以自杀来逃避这一切。

父母总是不自觉将自己未实现的人生愿望寄托在孩子身上，希望孩子能够实现自己年轻时的梦想。

可是，孩子本身是一个独立的存在，他应该有自己的空间和梦想，而不是成为替父母实现人生梦想的工具。

孩子的成长经历和生活环境跟父母的不同，所以性格和人生理想也不一样。执意让孩子按照自己的期望来发展，根本就是不现实的。

-3-

隔壁班有一个女同学，临毕业的时候报名参加了注册会计师考试，为了这个考试，她认真准备了好几年。临毕业这段时间她不能找工作，不能考研，只能复习。

她毫无杂念，一心复习，家里人却急得如热锅上的蚂蚁。

家人不断地打电话过来："听说某某家的孩子签了家好公司，薪资福利特别好，你怎么不去找工作呢？"

快要研究生考试的时候，姐姐打电话过来："好多孩子都报名参加研究生考试了，你也去报名试试吧。"

报考公务员的时候，家人的电话又来了："公务员工作多稳定啊，去参加公务员考试吧！"

那个姑娘哭笑不得，她知道，父母都是为了她好，怕她毕业没有个好去向，替她着急。

-4-

我相信，父母是爱我们的。但是，父母真的了解我们最想做的是什么吗？我们的父母，总是不自觉地将他们的期望变成各种压力施加在子女身上。那一道道枷锁，让人喘不过气来。

父母将自己对生活的担忧，无意识地投射到了孩子身上，总是担心孩子照顾不好自己。

父母总是习惯以自己的经验和生活阅历来指导我们的人生，却忘了给我们独立的空间，忘了给我们真正的自由。

第一章 在最容易出众的时代，你怎么敢甘于平凡

　　如果一直活在父母的期望里，活在父母的指导下，那我们的人生，就只是父母的附属品了。

　　要相信，我们比父母更懂自己的处境，更明白自己想要什么，更有勇气去为自己的人生闯一把。我们爱父母，但不会为了父母的期望，牺牲掉自己的人生。

　　我们终此一生，就是要摆脱他人的期待，找到真正的自己。勇于摆脱别人的期望，敢于为自己而拼搏，才是真的勇敢。

你的价值决定了你的格局

-1-

今天,一个关系很不错的作者朋友过来问我:"最近都没看到你在群里出现,你退了很多群,没发生什么事吧?"

"嗯,没什么事,就是有些累了,仅此而已。"我想了想回答道。

不是生活中出现了什么过不去的坎,也不是跟群里的谁闹不愉快了,不是烦每天刷不完的消息,更不是一时冲动想刷存在感。

我就是想退群了,没有什么特殊原因。

自从开始写作,我认识了很多写作圈里的人,也加了很多写作群，各种平台的，各种群体的，总之很多。

这导致我每天早上起床一睁眼，就会看到微信对话框有一整页的红点，虽然我屏蔽了所有的群消息，但是消息提示的小红点仍然会显示在我的对话窗口，十几个群的聊天记录，群消息多到数不清。

早上起来我匆忙收拾完东西，在去上班的路上，趁着等电梯、买早饭的时间，匆匆浏览完大部分的未读消息，以便知道在我没玩微信的时候，都发生了什么事。

然而这些事情大多都与我无关。

-2-

其中有我最喜欢的一个群，里面的编辑很有趣、很亲和。我可以经常开玩笑"欺负"他，还有很多有意思的小朋友，经常自称为"'00后'的宝宝"，既认真写作，又热爱生活，跟他们在一起玩，我感觉自己好像回到了十八岁。

真的很喜欢他们，互相之间没有利益往来，也没有攀比。大家在一起，就是吐槽今天发生的事，或者分享自己的喜悦，又或者是无聊了拉个人，让他唱个歌，集体来"欺负"下。

嗯，我们做的事虽然有点"傻白甜"，但是很开心。

我在群里面也很活跃，经常跟他们开玩笑。不知道该写什么的时候，我就撒泼、打滚、卖萌、装可怜，让他们讲故事给我听，有时候故事还没听完我就屁颠屁颠去写东西了。

我每天花很多时间跟大家在群里闹腾，一边玩耍，一边学习，刚开始的一段时间我觉得很有意思，每天都能对着手机笑出声来。有时候同事都会疑惑地问我："你是不是恋爱了？"

可是时间久了，我就觉得没意思了，不是不开心了，也不是没有存在感了，就是感觉没意思。

虽然我在群里很活跃、很快乐，可是，一旦我离开了手机，离开了微信，离开了那种短暂的快乐，我就不知道干什么了。一种更大的空虚感顿时吞噬了我。

在虚假的世界里待久了，在现实生活里我反而不知道如何自处。我感受不到现实生活的意义，也不懂得如何去寻找真正的快乐与存在感。

-3-

我们生活在一个离不开社交圈子的时代,从微信群里的互动学习到与竞争对手的谈判,从点赞、转发朋友圈到饭桌上的生意应酬,我们与手机那边的陌生人有着扯不断的利益关系,跟身边的每一个人都有着或多或少的联系。

我们生活在社交群里,是社交群体的一分子。

我们在社交群体里以各种各样的身份存在,扮演着各种角色。我们用一些华丽或者简单的语言介绍着自己,同时,我们也被其他人贴上各种各样的标签。我们从他人身上索取我们需要的,同时也给予他们我们所拥有的。

久而久之,我们都习惯了这样互利共生的合作关系。可是,时间久了,我们有时候就会想:我到底是谁。

我口中的那些自我介绍,他人给我贴的那些标签,我在各个场合转换着的角色,这些都不是真的我。

离开了这个社交平台,离开了那些交际圈子,我是谁?

抛开那些光环,扯掉你那些发光的过去,你是一个怎样的存在?

— 4 —

我最近一直在思考这些问题,也在看一些书,请教有经验的前辈,试图让自己走出这个怪圈。

可是我发现,你越想走出这个怪圈,这个怪圈就越会缠着你;你越想逃离这一切,你所逃避的,就越会变成束缚,让你动弹不得。

我们总是强调社交的重要性,我们总是想跟所有人搞好关系,以便什么时候大家可以相互用到,可是,我们有时候会忽略这么一个事实:别人跟你很熟,不是因为你在社交上有多受欢迎,也不是因为你的交际能力有多强,他们更看重的是你在这一圈子里的实力。

没有了自身的能力,没有了去创造更大空间的可能,没有了你真正依赖的核心本领,你什么都不是。

比如你是一个作者,无论你跟编辑的关系有多好,你跟出版方的关系有多铁,认识多少大咖,如果有一天,你怎样也写不出自己想要表达的东西了,怎么也拿不出好作品来了,那么,就算别人因为友情不会嫌弃你,有人愿意帮助你,那也只是一时的。

时间久了,你会觉得在这个圈子里待不下去了。

比起那些毫无意义的标签,我们所需要的是认识真正的自己,将自己真正该做好的东西,踏实用心地做好,去提升自己原本最应该提升的核心技能。

-5-

你吃到了一份期待很久的美食,于是赶紧用手机拍了下来,本来想发给朋友,犹豫再三,还是按了删除键。

你在微博上看到了一个很好笑的笑话,转发了却不知道@谁,看着满屏的联系人,熟悉又陌生。

你在深夜里,忽然睡不着觉,你开始思考人生,思考未来,你想跟别人分享一下自己此时此刻的心情,拨出了电话却又选择了挂断。

他们不是你,即使你表达得再清楚、再明白,他们也没法完全感受到你的那份欣喜,与其两个人尴尬,不如你一个人独处。

我们也开始明白,两个人关系再亲密、再惺惺相惜,那个人也终究不是你。即使他懂得你的立场,尊重你的选择,你内心的波澜起伏，也还是只能留给你自己。

我们也懂得了：比起热闹的社交，独处才是我们一生要学习的能力。

所有人都在教我们如何跟外界沟通，如何更加准确地表达自己的观点，如何有效倾听，却忽略了一点：孤独，才是人生的必修课。

一个人安安静静地待着，跟自己对话，跟自己相处，去汲取内在的力量。

学会跟自己相处，才是最有用的社交。

混日子的人下场都很惨

-1-

我的读者貌似大部分都是学生,经常会问我一些那个年纪经常遇到的问题。

一位大三的同学说,她喜欢一个男生三年了,他们要毕业了,即将各奔东西,她感到很难过。她默默地喜欢了他那么久,最后还是要分开。

我不忍心告诉她,她以后还会遇到更好的男生,总会有另外一个人让她欣喜若狂,让她痛哭流涕。

我不忍心,因为那一刻,她的世界里只有他,任何安慰都是苍白的。

也有"00后"的小朋友跟我说:"姐,你工作了没?我快要毕业了,等我毕业了,我一定要和很多漂亮的男生交朋友。"

这样的话,我听了很尴尬。

还有小朋友说:"最近又跟别人闹矛盾了,舍友总让我生气,我真的想和她大吵一架。"

哦,她好像以前的我。

说真的,我有时候都怕带坏他们,怕传递给他们一些不好的价值观,所以每一次思考问题时,我都在想:我的想法是不是绝对的,这个问题是不是还有另外的解决办法,而我的文字会不会让别人乱想。

所以,每一次在阐述自己的观点时我总是慎之又慎。

-2-

前两天,一个读高中的朋友跟我说:"我觉得最近真的很郁闷,明明是该复习的时候,却总是静不下心,总想出去玩。每次看到朋友圈里某某同学暑假又去哪儿玩了,又做了什么刺激的事、参加了什么冒险的活动,我都觉得很不舒服。凭什么别人在假期里可以满世界飞,想去哪儿就去哪儿,而我就是没完没了的补习班。这不公平。"

我回复:"是啊,本来就不公平,因为每个人的家境不同。但是我们面对着同一个世界,拥有很多的机遇,那些都是公平的。"

生在什么样的家庭是没法改变的,你要做的是过好自己的生活,想好自己以后依靠什么在这世上行走。

-3-

看到过这样一段话:

我妈妈以前就告诫我:你是打柴的,另一人是放羊的,你跟他聊了一天,他的羊吃饱了,你的柴怎么办?

以前我只是当这句话是一个笑话,觉得很好玩,但是现在再想,体会颇深。

上大学的时候,学校里面设有各种奖学金,最高的八千,最低的三百。我从大一开始就想好了每年要拿奖学金,第一学年末要依靠排名转专业,所以平时学习格外拼命。

同我一起上课的姑娘很不解地问我:"你这么拼命干吗?就是为了那一点儿奖学金吗?我跟你算一下,学校每年评定一次奖学金,如果一次是一千块钱的话,一年一千块,也就是说你复习三百六十五天才能得到一千块,平均每天不到三块钱。这样做有意义吗?"

我看着她那一本正经的样子,有些诧异,不过很快就明白了。有的人家庭条件好不用担心生计,有的人一出生就注定要在雨里奔跑,这两种人本就生活在不同的环境里,接触的事物不同,自然理念也就迥异。

他们只能通过别人的描述去懂对方的世界,但是永远没法站在对方的角度思考问题,因为本来就是不同的人生。

用数学算起来没有意义的事情,但是我依然要拼命争取,因为这是我不得不走的一条路。

-4-

我看着同寝室的人每天上完课就待在宿舍里看看电影、听听歌,周末就拉几个小姐妹出去看电影、逛街、吃美食。但是我只能早出晚归,背着小书包,拿着水杯,默默走向图书馆。

其实我也想跟她们一起玩,一起放松地过个没有烦恼的午后,不用再为高数题烦恼。

我看着别人在为即将要到来的暑假做攻略、买机票,打算去各地游玩,我却只能想着暑假要接几份兼职才能赚够开学的学费。

我也想看一看外面的世界。

我上学不是为了体验人生。有的人,要靠自己的成绩单以及伶牙俐齿为自己的未来打算,上学,就是最好的出路。

你想跟别人一样轻松玩耍,可是,你能承担一起放松的后果吗?

-5-

说真的,混吃等死这件事不是谁都可以做的。

第一,要有足够的资金支持你。否则过着吃了上顿没下顿的生活,你还想潇洒地出去晃悠,不现实。

第二,一定要有好的心态。身边有人吃喝玩乐,就有人拿了奖学金,有人升了职加了薪,你要有好的心态,不嫉妒,不羡慕,不后悔。

第三,脸皮一定要厚。有人的地方就有江湖,你确定你可以不顾旁人的眼光,不管父母的责备,不用理会他人的劝告,心安理得地混吃等死?

第四,要有一颗承担得起风险的强大心脏。有人靠自己的小聪明升官发财,有人因为自己的一点儿意见人头落地,同样,有人可以混吃等死,有人却连以后自己要去哪里都不知道,你要做好承担风险的准备。

没有了这些,还是先乖乖做好当下的事情吧。

所以,下一次看别人优哉游哉地吃喝玩乐,自己"羡慕嫉妒恨"的时候,一定要保存那一丝丝理智,好好思考一下,再做决定。

最怕你放弃努力，还觉得理所当然

— 1 —

上小学的侄子最近迷上了网络游戏。每天放学后，他连晚饭都顾不上吃就扔下书包跑到了电脑前，噼里啪啦敲打着键盘，在网络世界里叱咤风云。

嫂子担心他的身体与学业，经常关心地问："你饿不饿，要不要吃点饭？""老师布置作业了吗？"

侄子不耐烦地回答："不饿不饿，作业在学校里写完了。"视线始终没有离开电脑。

过了几天，老师打电话到家里问："孩子最近怎么了，老是忘记带家庭作业,都好几次了。"

嫂子纳闷了,作业不是在学校里写完了吗?两个人一对质,她才明白,小家伙一直在撒谎,明明每天都有家庭作业,但是他忙着打游戏,没时间写,还要骗老师和家长。

等他放学回家,嫂子使劲儿逼问他,小家伙死活不肯承认自己撒谎了。

跟我单独相处时,他还诉说自己的委屈:"其实我是做了家庭作业的,我真的是忘记带了。老师和家长都不相信我。"

一直生活在自己编织的谎言中,时间久了,他自己都信了这个谎话。

-2-

人呀,不怕笨,不怕蠢,就怕自己明明懒,还要装成一副很努力的样子。你到底是在骗自己,还是在骗别人呢?

落落被喜欢的男生以"不合适"的理由拒绝之后,第二天就看到了他跟一个长发飘飘、气质优雅的女生牵手了。

伤心欲绝的落落,恶狠狠地发誓:"我一定要瘦下来让他后悔。"看着落落一百五十多斤的体重,以及餐盘里还没吃完的半只鸡腿，我把想说的话咽进去了。

有一句话叫："人要是不逼自己一把，就不知道自己到底有多强大。"

落落真的开始实施她的减肥计划了。每天早上六点起床跑步半小时，中午只吃素菜，晚饭吃了水果之后又去健身房。她每天把运动步数截屏发到朋友圈，接受大家的监督与鼓励。

士别三日，当刮目相看。落落要一雪前耻了。

然而，不到半个月，落落就坚持不下去了。早上起不来，就不去跑步。上班得空就拿手机甩来甩去，增加运动步数。还非得让出去散步的同事带上她的手机，美其名曰："大家都知道我在健身，不能让大家失望。"

过了两个月，她一脸忧伤地问我们："我明明那么努力锻炼，为什么就是瘦不下来呢？"

你一再欺骗自己，营造一种我明明很努力的假象，还问别人为什么没有成果。我无言以对。

欺骗自己，让自己沉溺在假象中，耽误的可是你的人生啊！

-3-

上大一的时候,我经常跟一位同学一起上自习。他进了图书馆,就打开高数习题册,一副要努力的样子。

然后,他就开始坐在那里刷手机,跟别人聊天,偶尔出去打个电话。回来之后发现时间已经过去了一个小时。他坐下来开始看书,一边看书一边继续刷手机,直到午饭时间。

他假装努力学习的样子感动了自己,他坚信自己是个刻苦用功的人。期末成绩暴露了他的自欺欺人,他却安慰自己已经尽力了。

-4-

我是最近才开始写作的,本来就底子差、起步迟,所以得花费更多的时间读书、写作。

然而,每天写一篇文章,我很快就把大脑里储存的知识掏空了。白天上班,晚上写作,我也很累。

这个时候,就有朋友安慰我:"别那么累,你已经很努力了,歇一歇,放松放松。"

处于倦怠期的我,也安慰自己:"我做得已经足够好了,休息

第一章 在最容易出众的时代，你怎么敢甘于平凡

一下吧。"

但是，没写作的我在做什么呢？睡觉，看电视剧，看电影。说好的看书充电我根本就没有按计划执行。

写作界的大咖们，哪一个不比我厉害，但是，哪一个不比我勤奋？他们拥有几十万甚至几百万的粉丝，依然每天读书充电，跟人交流，晚上熬夜写文章，更新微信公众号。

还没什么成就的我，却只会欺骗自己：我很努力了。

笨，没关系，可以用后天的勤奋补。懒，也没关系，只要你愿意改。可是，懒还撒谎，自欺欺人，这种人就真的没救了。

-5-

我们都是肉体凡胎，懒惰是每个人都有的。每天上班、上学真的很辛苦，谁都想好好休息，吃着零食玩手机。

辛苦之余的休息是应该的，但千万不要自我暗示：我已经足够努力，有理由歇息。时间久了，你就会开始相信：我真的很努力了，我尽力了。然后再告诉自己：尽人事，听天命。

这样的借口可以骗得了你一时，可是，在日后的考试面前，你会彻彻底底地暴露。

懒，并不可怕，可怕的是，你不仅懒，还自欺欺人。

自欺欺人就像毒药，靠麻痹自己来得到心理上的安慰。

世界是残酷的，也是公平的。你想在秋天收获，就请在春天播种，夏天耕耘。所谓种瓜得瓜，种豆得豆。你的点滴努力，会慢慢累积，由量变到质变，获得成功。

我们不需要自欺欺人的美丽谎言，我们需要对这个世界清醒的认识，认清自己，认清现实，懂得自己的位置与前途的未知，然后更加脚踏实地地去奋斗。

自己的人生，自己负责才漂亮。

第二章

你连自律都做不到，
**　　还奢谈什么自由**

你现在偷的每一个懒，都是给未来挖的坑。

你所谓的效率，可能只是焦虑

— 1 —

成长就像打怪升级，你在取经的路上会遇到形形色色的妖魔鬼怪，他们纠缠着你、骚扰着你，让你无法前行。

你想跟他们讲道理，却发现他们伶牙俐齿、巧舌如簧；你想一棒子打死他们讨个清净，却发现你也没那能力一下子就干掉他们。你烦恼、愤恨，翻来覆去夜不能寐。

你的大脑里都是他们白天对你讽刺的话语，他们嘴角的讥笑在你面前一再浮现。你气恼，自己为什么没有能力去让他们认可你，你想不通，怎么会有这样的人，人和人之间就不能友好和平地相处吗？

他们一点点摧毁你的自信心、吞噬你的能量，让你再也无法开心过自己的小生活。遇到这种妖怪真的太可怕了！

-2-

我这人有个毛病，就是爱在微信上搜索我的文章。晚上悠闲地躺在床上，我左手往嘴里塞着葡萄，右手熟练地在手机上滑动，看看哪些公众号转载了我的文章，他们怎么排版的，阅读量是多少。

除此之外，我也想看看到底有没有人未经授权转载我的文章。不署名，不通知作者，随便转载别人的文章，这种媒体还真不少。

我对这种事的容忍度几乎是零，于是很快就把他们的公众号举报了。这一开始，就停不下来，我一下午举报了十几个，顿时觉得自己正气凛然。

今天又看到一个公号转载了我的文章，虽然没有署名，却在文末很礼貌地注明："我们是从网上找的文章，没有联系到作者，如果作者看见了，请联系我们。"

"网上转载我的文章应该都有我的微信。好吧，也有可能是人家真的没有看到，不是故意的。"我想着，然后就顺便联系了他们："您好，我是某篇文章的作者，您没有署名，这是原网址。麻烦请于晚上八点之前回复我。"

第二天早上，对方回复："不好意思，我们是在网上搜到的，没看到作者。以后，我们可能还会转载您的文章，到时候会注意的。"

看到这话我再一次被吓到了。一般不是应该先向作者礼貌地道歉，然后删除文章，或者跟作者协商对策的吗？这就结束了吗？那你为什么还要我跟你联系？听你跟我解释你是怎么从网上找的文章吗？

我接着回复："网上转载我文章的公众号都是给我署名的，您这个说法不通。"我希望让他们给我道个歉，然后把文章删除了。

虽然我完全可以直接举报，但是我非要听他怎么解释。

结果对方回复："不好意思，我们下次会注意的。"

这是什么话？我当时就发火了，我们不应该讨论一下这次的事怎么解决吗？我联系你不是让你跟我说以后怎么办的。

犟脾气上来了，然后，我就继续跟他死磕。

CC姐跟我开玩笑："我们獭獭，每天的业余时间一半是在写文章，一半是在举报投诉。"

这句话一下子就点醒我了，跟他们讲道理、讨说法一点儿作用也没有，他们只会站在自己的立场，轻描淡写地敷衍你，还想方设法转移问题的焦点，不跟你好好商量。

最重要的是，浪费了我一下午的时间啊！

我这才意识到，我在投诉举报这件事上浪费了太多的时间和精力，有这些时间与精力我可以看一本书、写一篇文章、出去散个步。

我把太多的时间耗在了说服他们上，花最多的时间去干效益最低的事情，不值得。

我只想分出是非对错，却没意识到，我自己前进的脚步也被这件事拖累了。

-3-

我是学财务的，最讨厌的事情就是别人打着跟我关系好的名义，让我帮他免费做财务试题、免费做账。但我在生活中经常遇到这种事。

下午接到一个朋友的电话:"阿树呀,听说你是学财务的。"

"是的,有什么事情吗?我在上班呢?"我回答道。

"是这样的,你能帮我朋友做一套账吗?"对方说。

做一套账?做一套账的含义大了去了,小到十几个人的创业公司,大到流程复杂的制造业。

我毕业以后一直做的是简单的账务处理,大学时候学到的知识我都快忘光了。而且我最近真的很忙,没有时间和精力再去应付额外的事情了。

我委婉地向对方表示了歉意。

结果,对方开始了对我的情感绑架:"你这人不够朋友,我不就让你帮忙做一套账吗,你至于这么推三阻四吗?而且你是学财务专业的,成绩还那么好,做一套账不就是分分钟的事。我们认识这么多年了,我让你帮个小忙都不肯啊。你还当不当我是你朋友?"

我回了句:"滚。"然后就挂了电话。

这种事要是放在以前,我肯定会唯唯诺诺地答应下来,然后自己累死累活、加班加点地帮"朋友"把事情搞定。实在来不及,也会带着歉意解释清楚，然后征得人家的原谅，事后请他吃顿饭。

可是，后来我开始慢慢明白，人生的事情那么多，你的精力和时间那么少，真的不要把精力浪费在不值得的事情上。

根据"断舍离"理念，留下对你最重要的，最有用的，其他的，不好意思，我不在意。

-4-

我是一个讲话有点拎不清的人，虽然在写文章时分析得头头是道，但是私下里跟别人讲话，总不知道如何正确地阐述自己的观点。尤其是碰上比较强势且伶牙俐齿的人，我就完全变成透明人了。

但是，别人的观点我就是不服呀，尤其是明明理在我这里的时候，我一定要反驳回去。

大学时，经常跟朋友因为不必要的问题争得面红耳赤。

在与对方争执的过程中，我很少有机会大获全胜，反而是对方把我噎得一句话都说不出来。

我气得吃不下饭，浑身直发抖，那一天，我什么事都没干，一直想着如何回击他。

　　跟他们讲道理，不仅浪费你的时间，更消耗了你的能量，让你一事无成。

　　别人骂我一句，我想方设法回他一句；别人今天背后捅了我一刀，我悄悄记下，以后有机会给他使个绊子；别人不愿意帮助我，那我以后也冷眼旁观，不肯给他施以援手。

　　你看，在我跟别人对峙的过程中，我很容易就将我拉到了跟他一样的层面上，把我变成了跟他一模一样的人。

　　这才是最要命的：**我变成了我最讨厌的样子。**

　　而这一切，都是我亲手造成的，反观对方，并没有损失什么。而我在试图论理的过程中，把自己弄得面目全非。

　　很早以前，看过这样一句话：**不要因为一根稻草沉了一艘船。**

　　它表达的意思是，前进的路上，你还有很长的路要走，你还有更重要的事情要做，千万不要为了争眼前的一口气，耽误了自己的大好人生。

　　所以，以后再有人跟你讲歪道理、讲假情怀、拿友情说事，你只要在心底里发出一声"呵呵"就行，然后转过身去干自己的

第二章　你连自律都做不到，还奢谈什么自由

事情，千万别为了他们停住前进的脚步。

如果真的想彻底击败那些人，那就用心做事情吧，等你做出一番成就的时候，他们自然就会闭嘴的。

用能力打败对方，比用嘴皮子击败对方，来得更给力。

没有自愈能力，再多的"鸡汤"都拯救不了你

-1-

好友思思在朋友圈发了一条状态："人活在世上，自愈能力真的特别重要。"

看到这条状态，我当时就想越过手机屏幕给她一个大大的拥抱，她说得太对了。

思思是一个特别乐观勇敢的女孩，无论受了多大的委屈，受了多少伤害，她总能很快恢复过来，然后微笑着继续前进。

这一点，让"玻璃心"的我，无比羡慕。

我想，这可能跟她的自愈能力有关吧。

-2-

H姑娘上大学的时候,学校后街口有个卖小土豆的阿姨。

阿姨会将小土豆先在开水里煮至五成熟,晾干,再倒进油锅里,翻滚。炸好后,放上孜然、辣椒、麻油、葱花、香菜等,搅拌均匀。

然后,一碗香喷喷的小土豆就出锅了,闻着那个香味口水就流下来了。

有一次,H姑娘像往常一样去买小土豆,阿姨一边漫不经心地炸土豆,一边唠叨:

"小姑娘,我跟你讲,生活远比想象中要难熬。我这么辛苦,老公也不帮我,孩子也不听话。你说,人活在这世上还有什么意思?你将来一定要找一个好老公,千万不能跟我一样受苦。"

H姑娘没想到,平常看起来乐呵呵的阿姨会说出这种话。

人生在世,不如意之事本来就十之八九,你想开心快乐地生活下去,就要学会想开点。

要拥有强大的自我治愈能力,这样外界对你的伤害,以及你自己内心过不去的坎，才能慢慢被你消化掉，你才能扔掉重重的心理包袱，轻装上阵。

-3-

我们都听过这样一个故事：

一只小猴子被树枝划伤，流了很多血。它每见到一只猴子就扒开伤口给它看："你看我的伤口好痛。"每个看见它受伤的猴子都安慰它、同情它，然后告诉它不同的治疗方法。

它不停地撕开伤口给朋友们看，不断得到安慰，听取意见。最后，因为伤口感染死掉了。

我们都会笑猴子傻，它听取一种方法好好养着不就好了吗？可我们又何尝不是那只猴子呢？

S小姐失恋了，男朋友移情别恋。她痛恨他的无情，厌恶他的无耻，更怀念他曾经的情深似海。

朋友们知道她失恋之后，纷纷打电话安慰她。她每接到一个电话，就哭诉一遍自己的境遇。

事情过去很久，大家渐渐忘记了这件事。S小姐依旧会把自己

第二章 你连自律都做不到，还奢谈什么自由

的悲惨经历向每一个遇见的人重述一遍，一边痛哭流涕地骂渣男无情，一边念念不忘渣男的好。

好好的一个姑娘，硬生生地把自己活成了祥林嫂。

如果你一直无法忘记前任给你带来的伤痛，又如何开始新的生活，遇见那个对的人？

你需要的不是大家的安慰，而是在安静的角落自我愈合，慢慢走出前任的阴影，吸取经验教训。

-4-

我们都一样。从小到大，我也经历了无数次委屈与伤害。

上学时因为性格不合被同学排挤，辛苦准备了一年的考试也没有结果。

上班后同事故意栽赃陷害，上司无故打压。

刚开始我几乎要崩溃了，不断埋怨生活带给我的不幸。可这样不但得不到别人的同情，还会被别人看轻。

后来我才慢慢意识到：有些事，告诉别人对自己并没有什么帮助，还不如一个人静静地思考。

如果我没有练就一颗强大的心脏,不能拥有自我愈合的能力,今天我就不可能平静地给你讲这些过往了。

开始写作时,我经受过很多挫折。朋友们不理解为什么我不好好上班,来干这些没用的事情。读者也不认可我,认为我的实力配不上我的名气。就在刚刚,还有人专门到我的公众号来骂我:"你写的这是什么垃圾文章。"

其实我们都一样,从出生到现在,经历过无数的伤害与委屈,各种原因,各种场合。

面对生活中的恶意,我们都受到了不同程度的伤害。我们都有一门人生的必修课叫自我愈合。

-5-

如果我们没有办法自我愈合,就不能从上一段失败的经历中走出来,就没法吸取经验与教训,以全新的状态迎接新的生活。

有了强大的自愈能力,我们还是会受伤害、被质疑。但我们不会如此恐慌了,我们已经学会冷静分析,勇敢面对,微笑着找出解决方案。

别人的安慰与拥抱固然温暖，但它只能给我们的伤痛带来一些缓解，剩下的路，还是得我们一个人走。一味地沉浸在别人的帮助下，只会让我们的自愈能力退化，弱化自己的坚强，从而养成依赖别人的习惯。

人生道路，漫长艰辛，我们养好伤还是得一个人走。擦掉眼泪，昂首启程，路上花儿正好，天上太阳正晴。

总是患得患失，因为你太闲

-1-

读者山山私信我说："我总是对我男朋友患得患失，害怕他烦我，害怕他离开我，我总是没有安全感，该怎么办呢？"

山山和她男朋友是大一进学生会时认识的，一个风趣幽默，一个安静温柔，再加上青春期荷尔蒙的影响，两个人很快就确定了关系。

跟大多数情侣一样，刚开始都是你侬我侬，花前月下。他们每天都待在一起，一起吃饭，一起上自习，恨不得把全世界所有的情话说给对方听,把全世界最珍贵的礼物送给对方。

你看我眼里百般柔情,我回应你情深似海。

然而,热恋期过后总是要回归平常生活的,总有一方会先冷却下来。大二的时候,山山男朋友当了学生会的部长,同时还兼任班里的班长。平常除了上课,既要忙活班里的大小事宜,还要去学生会里组织活动。

她也知道他每天忙,忙得焦头烂额,有时候都不能按时吃饭。可还是忍不住去打他电话,发他微信,他不回的话,她的强迫症就犯了,一个劲不停地打。

她其实也知道他心里还是在乎她的,还是爱她的,可还是忍不住去质问他,去求证。

我回复她:"你的患得患失,就是因为太闲了。"

要是忙起来,哪有那么多时间,去纠结对方为什么没秒回你,去夺命连环call。

因为太闲了,自己的生活不够丰富和充实,所以才会让生活的重心转移到了别人身上,才会有那么大把的时间去纠结一些无

关紧要的事情。

因为太闲了,以至于感情中的虱子,在你眼里都成了大象。

-2-

大学的时候,我有一段时间特别闲,可是我那个时候还没有独处的能力。闲下来没事干,就想去找别人唠嗑,到处骚扰别人。找舍友唠,找楼上的朋友唠,找网友唠。

刚开始,大家都还能积极地与我互动和交流,倾听我的"心声",后来就开始腻了、烦了,对我爱理不理。

我去楼上找朋友,朋友忙着做PPT,总是直接把我轰下来。我跟舍友讲话,她在看电视剧,将帘子一拉,说:"乖,自己玩去。"找网友聊天,半天都不见一条消息。

我这人有特别严重的"玻璃心",别人对我的态度稍微有点变化,我就会纠结是不是做错事情了。

是不是我最近做错了什么事,或者说错了什么话,让大家反感了?还是因为上次他们叫我帮忙,我因为有事没去,他们故意疏远我?或者是因为忽然发现我品味太差了,不愿意跟我做朋友?

我就一个人坐在那里使劲想，想前一段发生的事情。

得了吧，有什么好纠结的。真实原因是人家太忙，没时间一直听你唠嗑。每个人都有自己的生活，都有自己要做的事情，不能每时每刻都陪一个"闲人"瞎扯。

而你思前想后，患得患失的感受，只不过是因为你太闲，没有事可做，才会把别人对你的态度看成天大的事，才会让一些负面情绪有机可乘。

-3-

很多问题——没安全感，患得患失，归根结底只有一个原因：太闲了。

因为太闲了，所以才会想要一直跟别人一起玩，一直想用打扰别人的方式来吸引注意力，获得别人的认可。

因为太闲了，所以才会把生活的重心放在别人那里，把所有的注意力转移出去，以至于别人有个风吹草动，你这边就是惊涛骇浪。

因为太闲了，无法从自身来建立自信，所以只能从别人那里得到认可，获得自信。

因为太闲了,你总是将自己不自觉地置于被动的地位,所以才会有大把大把的时间去纠结对方到底爱不爱你。

可是,亲爱的,不是每一个人都跟你一样闲。他们也要去过自己的生活,去干自己的事情,不能每时每刻都陪着你,顾虑你的感受。

你要想真正解决问题,除了要培养自己的独处能力外,还要让自己忙起来。

-4-

独处的时候,最容易迷茫、焦虑、寂寞,这些感受钻到你的大脑里,活跃在你身体的每一个细胞里,让你整个人都打不起精神来。

足球场上竞争激烈,喝彩声不断,你跟大家一样沉浸在胜利的喜悦当中,觉得成就感满满。可是,一回到寝室,四下无人,静悄悄的,忽然间,你就不知道自己要做些什么了,愣愣地坐在那里发呆。

人来人往的大街，川流不息的人群，人们拉扯着、嬉笑着。车还没来，你孤单地站在路边，看看手机，打开微信，群里聊得热火朝天，可是跟你没有关系。

你忽然觉得，**热闹是他们的，你什么也没有。**

你感到空前的孤独与忧伤，你像旁观者一样站在生活的边上。世界这么热闹，你却怎样都无法融入。那一瞬间，你忽然找不到生活的意义，觉得一切都是空的，一切都是虚的。

你变得更加迷茫，更加孤独与寂寞。

-5-

给自己找点事情做，让自己变得忙起来，虽然一时半会儿不会有什么成就，但是最起码可以让你的生活逐渐回归正轨，不再一味地依赖他人。

培养良好的作息习惯，做好时间安排，上课、吃饭、读书、业余活动，到点了就去做该做的事情，别让自己虚度光阴，别让自己的青春在迷茫中荒废掉。

找准自己的兴趣点，坚持下去，每天进步一点点。虽然我们一时半会儿看不出什么效果，但是时间久了，将你的爱好研究得更透彻、更专业一些,也是一笔巨大的财富,说不定还可以给你带来额外的收入。

培养自己的独处能力,所有人都在教我们如何与人交流沟通,却忘了告诉我们:孤独才是生活的本质。在独处时,有效调节自己的情绪,学会与真实的自己相处。

让自己忙起来,你会觉得生活简单多了。

想让别人帮你，这四点你拎清了吗

-1-

最近，有几家出版社问我有没有意向出书，可否合作。可我是最近才开始写作，自认为水平还处于小白阶段，实在不好意思出来献丑。而且，我对版权方面的知识一窍不通，于是就在群里请教了几位有经验的前辈。

一位前辈简洁回复了我要注意的事项，言简意赅，字字重点。

但我还是没有完全明白，赶紧私信去问这位前辈。我用最简洁的语言说明了我的问题，等待对方回复。

问完问题之后，我乖乖地给对方发了一个红包，还再三请求对方一定要收下。

前一段时间还在微信群里为了几分钱抢得不亦乐乎的我，现在却主动给人发红包，还怕别人不收，确实不像我的做事风格。

不是我不直率了，也不是我变得谄媚，急着去巴结别人了。而是我开始懂得：没有人有义务为你的无知买单，也没有人有义务无条件地帮你。每个人都有自己的生活，每个人的时间都很珍贵。

有句话叫作："小孩才分对错，成年人只看利弊。"虽然有点不全面，但是也有几分道理。

别人牺牲了时间和精力来帮助你，无论是出于义气还是出于同情，你都有必要表示感谢。而现在的我，没有能力可以回报对方，能做的仅仅是发个小小的红包，以示诚意。

-2-

刚毕业的时候，我到一家上市公司做财务，每天大量的数据让我焦头烂额，还要面临部门主管随时的指责和同事的刁难，心情糟糕透了。

我有一个认识的人，都谈不上朋友，高中一年是同学，后来联系极少。

那一段时间他可能在准备创业，经常深夜里打电话过来，问我财务相关的问题：股东创业投资的比例怎么算呀，股东投的钱要怎么分配，大小股东意见不一样该怎么办……

我强忍着身体上的困倦与精神上的疲惫，给他回答这些百度都可以搜到的问题。

有一天，我在上班，他QQ发过来一条消息："你帮我做一下这道财务题，好不好？"

我瞄了一眼，都是大学时学过的基础知识，可实际工作上并不涉及，我自己都记不太清了，只好回复他："我在上班，而且这些知识我都忘得差不多了，真没办法帮你。"

他很真诚地请求："我真的很着急，你就帮帮我吧。"

我实在不好意思再拒绝，就说："我回去试试吧。"大学的知识，去网上搜一搜，问问朋友还是可以解决的，我想。

然后，我的QQ上就收到了他发来的一张又一张图片，除了前面两道比较容易的小题，后面还有七八道大题，而那些问题，是当时的我无法解决的。

我当时就恼了：你知不知道我在工作呀，我很忙的好吗？一道问题我还可以查百度、问别人，然后回答你。可你却给我发了一份类似期末考试的题,还让我赶紧给你答案,你是谁呀?

我一气之下,就把他拉黑了。

-3-

我并不是那种见死不救、不乐于助人的人。

大学的时候,每次考试前,我都会将这门课的考试重点画出来,整理到我自己的笔记本上,然后借给班里没认真听讲的同学复印。

只要他们把笔记背熟,考试通过肯定是没有什么问题的。

朋友面试忘记带东西了,我可以坐一个小时公交去给他送,因为我知道,没有了那个东西,他面试可能就泡汤了。

天知道,我真的是一个善良诚恳的好姑娘。

-4-

可是,有的人,他真的不值得你帮。

百度上能搜到的东西,你为什么要去浪费别人的时间,让别人手把手教你?

不挑时间半夜三更给别人打电话问问题,你着急解决这个问题，可是别人也着急休息呀。

其实，我也知道，为什么我们偏向于直接找朋友帮忙，而不愿自己主动搜集材料。

1.找朋友更省心。我打一个电话过去，我的负担就减轻了，我把我的问题直接抛给了朋友。

2.找朋友可以花费最少的精力。朋友是学这个专业的，他一会儿就能搞定，自己上网搜的话，搜出的内容多还复杂，我也不一定理解，得花费更多的时间，权衡之下，还是找朋友。

3.找朋友是免费的。网上很多PPT、很多课程、很多文件都是要收费的，找朋友，虽然耽搁了朋友的时间，但是我们是朋友呀，他怎么好意思问我要钱呢？

4.潜意识里，朋友会一直在那里无私地帮助我，不会走。

权衡之下，找朋友帮助是一个最省钱，也最省事的好办法。于是，你选择了将这个烫手的山芋扔给朋友。

-5-

你总想着，因为我们是朋友，我就要帮你。可是你知不知道有一句话叫：出来混，迟早是要还的。

你打着朋友的名义，一次又一次去麻烦你的朋友，可是，你不知道，你也在一次又一次地消耗着你们的友情，透支着你们原本就没有多少的感情。

你以为对方会一直无底线地接受你的请求，念着当时的一点点情谊，不会跟你计较。

可是，你一而再，再而三地打扰，一点点地在逼对方后退，在靠近他的底线。

终于，对方拉黑你了。

你**丝毫**都不考虑对方的感受和立场，对方又何必在意这段友情呢？

单方面的索取，不叫友情，叫自私。

只顾一时方便的你，可能没有意识到，就算你的朋友帮助了你，也只是解了一时之困，下次遇到这种问题，你仍然不能搞定，仍然还是要去求别人。

你选择把自己生活的主动权交给别人。

与其这样，还不如花点时间，去趟图书馆或上网好好查一下，掌握这个知识点，不仅下一次不会被困住，还学到了知识，何乐而不为呢？

—6—

你要明白，没有人是有义务要帮助你的，别人因为义气帮你，请你务必也因为义气把别人放在心上。

成年人的世界里，每个人都有自己的生活，有赖以生存的事业和需要维护的关系，每个人都在竭尽全力地将时间最大化利用。

换句话说，每个人都很忙，每个人的时间都很珍贵。肆意浪费别人的时间和不考虑别人的立场，早晚会被嫌弃。

请人帮助之前，先考虑你们的交情有多深，你能透支到什么程度，你最坏能接受什么结果，想好了再做决定。

在别人帮助你的过程中，请尽可能珍惜别人的时间，也记得别人的情。别人只是随手一帮，不需要你还，可那不意味着这件事你就可以忘掉。

会感恩的人，每个人都喜欢跟他打交道。

下次再请人帮忙时记得以下几点：

1.先思考下自己努力能做到什么程度，尽力了再去找别人。

2.找别人时注意时间、场合，大半夜打电话可能会影响别人的休息。

3.尽量言简意赅地表述完问题，高效率完成事情。别拉拉扯扯聊半天，别人可能还有其他事情要忙。

4.事情完了之后，要向对方表示感谢。不要只是一句简单的谢谢，太没诚意。比如，仔细表达一下别人具体哪里帮助了你，并对其表示感谢。再不会就去发红包吧。

有人会说"能不能少一点儿套路，多一点儿真诚"，其实，真诚也需要正确的表达方式，我们带着真诚，再把套路做足，没有人不喜欢。

毕竟，你不想别人帮了你一次，下一次就再也不想理你了，对吧。

别让你的生活毁在情商上

-1-

晚上快要下班的时候,对面办公室的小刘过来送东西。她经过我旁边的时候,忽然问道:"獭獭,我上一次给你的发票,你给出纳了吗?"

我当时一愣:"什么时候的事?最近我都没怎么见过你,你什么时候给我的?"

"上个月吧,好久之前了。我不着急,就是随便问问,你按你的工作节奏好了。"小刘虽然有点疑惑,但还是很体贴地为我着想。

我有点郁闷，上个月的发票按道理我早就交给出纳了，钱应该打到小刘账户上了呀。

我有点慌，是不是我忘记给她报销了，或者是我弄丢了？我有个小毛病，工作上出任何小插曲，我都会往最坏的方面想，之后会一直担心、焦虑。

我一边安慰她说："你先别急，我先查一下，明早跟你沟通，好吗？"一边迅速翻看自己平常可能放报销单据的地方，看看我会不会把发票落在那里。

然而，都没有。

旁边的同事看到了这一幕，看似无心地开玩笑说了句："别找了，你找不到的，肯定是丢了。"

我装作没听到的样子，没理她。

她又紧接着说："肯定是你弄丢了，你要赔给人家的。"

这种人让人感到很烦，找不到东西我已经够心塞了，她还冒出一句风凉话，我不想跟她多说，冷冷地回了一句："就算弄丢了，一千多块钱，我赔得起。"

这位立马跟了句："'土豪'呀，花钱都不眨眼的。"

有些人就是这样，她不是不懂场合，也不是不懂分寸，就是

第二章　你连自律都做不到，还奢谈什么自由

喜欢在你最糟糕的时候，补上那么一把刀，从而证明她有多厉害，你有多失败。

这种人总是喜欢在言语上，占你一点儿便宜，让你觉得她是对的，你是错的。

当然，我最后查出了那一笔单据的去处，钱早在一个多月前就到了小刘的账户，她太忙没有注意到，大家相安无事。

我没有无聊到再去告诉那位同事东西没有丢，是别人记错了。

你爱毒舌就毒舌吧，总有人会收你，我没有教你怎样说话的义务。

-2-

上周末，我去外面吃饭。

镇上新开了一家重庆小面，我吃过他们家的麻辣粉，味道不怎么好，但是那一天我确实不知道吃什么，想着尝尝他们家的重庆小面吧，说不定还能凑合吃。

事实证明，我又做了一个错误的决定，这里的重庆小面跟我以前吃过的完全不一样，没有酸辣的味道，没有花生米，就连配菜都没有，雪白的面条上，孤零零地飘着两根生菜。

我吃了两口，就咽不下去了。

这时我突然接到了小F的电话，她本来以为我在公司，想让我帮她查点东西，一听我在镇上吃饭，兴致立马就来了：

"你在哪家吃饭？镇上有什么好吃的吗？"

"重庆小面。"我有气无力地回答。

"呀？你居然去了那家，他家的饭很难吃的。你怎么会想起来去他们家吃饭呢？你吃的啥，好吃吗？"她妙语连珠，一连串地问下来，问得我措手不及。

知道我找了一家味道很差的饭馆去吃饭，小F可算找到一个批评我的机会了，语气强硬地说："我跟你说，你就不应该去那一家吃饭！"

我心想，不就是吃一顿饭吗，难吃点怎么了，又不会死人，至于这么上纲上线吗？好像我做了什么天大的错事一样。

这种人的想法就是，不想关心你，也不想帮助你，就是想找机会奚落你一番。你做了一个错误的选择，你当初就应该听我的，不听我的现在失败了吧？

我不想反驳她，也不想跟她理论，因为真的不是什么大事。

更重要的是，这种人都有一套自己独特的逻辑，她的思维方式和观念早就在她的脑海中根深蒂固了,只要你不按照她的意思来,你就是有问题的。

-3-

这样的事情真的不是一次两次了,次数多得让我见了她就想躲得远远的,生怕被她弄坏心情。

一位刚毕业的新同事,想认真准备一下考CPA,小F立马回击道:"考那个没用的,非常难考不说,就算你考上了,公司也不会给你加薪;你跳槽去事务所,人家只愿意要刚毕业的,也不愿意要你啊。"

另外一个同事想考研,小F又摆出了自己人生导师的样子:"一个刚刚毕业的大学生,不想着怎么好好工作、怎样升职加薪,考什么研究生啊,等你考上了年龄也不小了,你毕业后还有公司要你吗?"

新来的同事刚开始总会犯一些特别低级的错误,稍微有一点儿差池,就被小F抓住不放:"你这人会不会做事呀,这么低级的错误都能犯,你在学校是怎么学习的?"

看着小F一脸浩然正气的样子,我悄悄地从旁边走了过去,远离是非之地。

说真的，小F在我们公司真的能算上数一数二的美女，一米七的个子，一头深棕色及腰烫卷发，皮肤白皙，在穿衣打扮方面又很有研究。第一次见她时，你真的会眼前一亮，觉得真养眼呀。

可是相处得久了，她的伶牙俐齿就会让人退避三舍，不敢接近。

— 4 —

电视剧看多了，很多人都会羡慕剧中的毒舌，他们总是能一眼就看出问题的本质，一语中的，语言泼辣有力、痛快直爽。

可是，你要明白，电视剧里的人物，一是为了角色设定，需要毒辣的语言来塑造一个有力的角色；二是有些人物的职业就是说话辩论，就是需要狠辣直爽的语言，那是他们的饭碗。

你不是专业的辩论选手，不必总在口舌上占上风；你也不是别人的人生导师，不用非要把别人骂醒。你只是一个普通的朋友或者同事，你和他们是平等的。

你要做的是跟周围的人好好相处，共同将事情办好，大家各退一步，让生活的氛围更舒服。

一说起蔡康永，大家就会不自觉提起他的说话能力，佩服他能讲很深刻的道理，用最平和、最舒服的语言表达出来，既能说清自己的意思，又能让别人听得进去。

很多人都开始学习蔡康永的说话之道，我身边也有很多人去买一些沟通类的书，看一些口才类的综艺节目，想提升自己的说话水平。

我们需要提升自己的说话水平，是因为我们想让生活变得更加融洽，与别人沟通时，能更加简洁明了地表达自己的观点，提出自己的需求，想通过沟通、交流拉近我们与周围人之间的距离。

但我们绝不是想通过口才在人际关系中凌驾于他人之上，将别人说得哑口无言。

你要的是互利，不是独存。

-5-

现实生活中，我们每个人都有自己的生活和要考虑的事情。

为了生存,为了生活,为了自己的目标,我们一直都在忙碌地奔波着。

我们的财务主管有两个儿子,一个上学了,需要他辅导家庭作业,一个正是调皮贪玩的时候,一不小心就会受伤。他白天上班,晚上回家陪孩子,周末还要去工地忙装修,生活岂是一个"累"字可以形容。

我白天上班,晚上回到家还要想着今天写什么。有时候实在懒得写,我就去看电视剧,看剧的同时还得一边看一边用笔把一些比较好的点记录下来。

每个人的生活都很忙,哪有时间一再去关注别人今天做了什么、说了什么?

就算你自己的生活足够充实,平时喜欢给别人提一点儿小建议,但也不要无聊到将所有的话锋都集中在别人身上,以至于别人吃个饭,你都能说出一堆大道理来。

不要从别人那里找存在感,一味地乱评价别人的生活,将自己的观点凌驾于别人的之上。这样做不会让人以为你很厉害,反而会觉得你太讨厌、太无聊，进而看低你、远离你。

-6-

不断地去批判别人，将自己的观点凌驾于别人的之上，试图用任何事情来证明自己是对的，别人是错的。这样的人，内心深处藏的是不为人知的自卑。

他们虽然表面意气风发、咄咄逼人，可内心深处有着很深的不安全感。

因为他们对自己不自信，所以才不断地去批判别人，用言语指责对方，通过这种方式去证明自己是对的，获得认同感与存在感；想要去插手别人的人生，左右别人的选择，让对方按照他们的想法行事，只有这样，他们才会获得短暂的自信。

但是，在现实生活里，每个人的性格和处境都不一样，他人所做的选择都是出于他自己的考量，我们要做的是充分给予理解和支持。如果你有建议，可以讲出来，讲出你对问题的思考与判断，但是不要强求别人都听你的。

每个人都有自己的路要走，我们与周围人之间的关系，更多是互相独立。所以,不要评价、插手别人的人生,我们要将全部精力放在自己身上,做自己的事情,去努力生活、提升自己。

真正的强者,是尊重别人、理解别人,与周围人既相互独立,又彼此包容,能妥善处理好自己与周围人的关系,让大家都能相处得很舒服。

我们偶尔会听到这样的教导:别人欺负你的时候,要适当反击。

但是,正确的做法不是简单地用语言反击,而是努力做出一点儿事情,当你有了一定的底气,你反击回去的言语才真正有威慑力。没有底气的言语反击,只会让人更加看低你。

不要将过多的精力放在口舌之争上,做好你应该做的事,这才是王道。

关闭朋友圈，只是你对生活的逃避

— 1 —

今天中午跟朋友小A出去吃饭，中途习惯性刷朋友圈，看到另外一个共同认识的朋友发朋友圈，好像是男朋友向她求婚了，十分感动，发了几张合影，顺便感谢了一下一直支持他们的朋友。

我随口问了一句："某某订婚了呀，好快。"

小A正在跟微信群里的一位朋友聊得火热，漫不经心地回了一句："啊？我不知道呀，发朋友圈了吗？我已经关闭朋友圈了。"

"为什么关闭呀？"我有点好奇。

"没意思，朋友圈都是被人伪装过的生活，太假了。"朋友看似很认真地回答道。

末了,她还补充了一句:"你还没关朋友圈?我劝你,趁早关了吧。只有关了朋友圈,你的生活才能过得真正富足充实,才能过上真正属于自己的生活。"

只有关了朋友圈,我的生活才能真正过好?这是什么逻辑,我有点不懂。

-2-

诚然,近几年微信几乎成为人际交往的必要沟通方式,公司的通知在微信群里发,朋友之间的交流也可以用视频或者语音,甚至连结婚请帖都可以群发了。

微信的存在,确实大大方便了朋友间或者同事间的交流沟通,再也不会收到每个月月底10086发的短信套餐已经用完的通知。有什么消息可以通过微信发送,不仅不用花钱,还有网友们制作的大量表情包,一言不合就斗图。

伴随着微信的普及,颇受争议的就是朋友圈了。

朋友圈的好显而易见。

第二章 你连自律都做不到，还奢谈什么自由

我们平常只要刷刷朋友圈，就会知道大部分人最近的生活状态，要么是连续加班，要么是去外地旅游，要么是失恋了，要么是有了新欢。这些生活状态，通过简单地手指一刷，就可以全部知道了。

我们在与朋友沟通的时候，也能更方便地知道朋友的近况，更加懂得跟他讲哪一方面的话题会比较合适，或者是一起出去玩，恰好知道他最近想干什么，这都大大加深了沟通的程度，使彼此之间的关系更加融洽。

有时候，想念一个朋友，但是私聊又不知道跟他说什么，这时候只要给他点个赞、评论一下，也算是保持了联系，使彼此不会那么生疏。有时候他回复一下，你们有一搭没一搭地聊着，也挺好。

朋友圈最大的好处就是，即使你们相隔千里，朋友圈也会让你觉得你们近在咫尺。

-3-

朋友圈的弊端，也被骂得很厉害，各种理由、各种方式地骂。其中最令大家讨厌的就是晒、秀、炫，以及拉人投票、集赞

领礼品、代购打广告、要不要分组等问题。

而关于晒、秀、炫的观点有两种。一种是你内心缺什么，才会秀什么；一种是我秀什么，才说明我不缺什么，你觉得我秀，是你缺。

关于要不要分组的观点，也有这么两种：朋友圈分组，是伟大的发明；朋友圈分组，是最危险的设置。

而关于集赞领礼品以及投票的观点，基本都是你为了一点儿蝇头小利，在不断消耗你真正的友情。你为了自己的芝麻般的利益，反而浪费了更多更加珍贵的东西，等等。

这些问题的出现，让大家对朋友圈越来越反感，甚至开始选择逃离朋友圈。

-4-

对于关闭朋友圈，大家的出发点基本相似：

朋友圈里要么是晒、秀、炫，要么是发状态专门给领导看的，要么是打广告的，这样的朋友圈没意义。

沉溺于朋友圈，每天看别人修饰过的生活，不仅会让自己无法接触到最真实的朋友，还会产生落差感，影响自己的生活。

第二章 你连自律都做不到，还奢谈什么自由

不要把时间花在刷朋友圈上，而是要花在更有意义的事情上，刷朋友圈是一件低质量而且浪费时间的事情，为了提高生活质量，我要关掉朋友圈。

每个人都有选择自己的生活方式的权利，不论是否关闭朋友圈，这都是他们对生活的一种选择权，其他人无权干涉，只要他们自己开心就好。

可是，随着一些人关闭朋友圈的行为开始，更多人把关闭朋友圈看成一种很高端、很理智、很有意义的事情。

他们觉得：只要关闭了朋友圈，我的生活就会变得好起来，我就会把时间放在更多有意义的事情上，过上更好的生活。

只要关闭了朋友圈，我就会跟别人不一样，我就会显得更加"高大上"。

只要关闭了朋友圈，我就能交到真正的朋友，认识到更加真实、更加生动的世界。

甚至不仅自己关闭了朋友圈，还会瞧不起刷朋友圈的人。

-5-

可是，我想说，不是这样的。

毕竟，关不关朋友圈，对大家而言，只是一种生活方式，没有正确错误之分。

有的人，关闭朋友圈，是真的觉得自己不需要了，关不关都无所谓，所以选择了关闭。

而更多的人，不仅急切气愤地关掉朋友圈，还要向外界宣布：我关闭了朋友圈。

其实有可能只是因为你对自己原有的生活不满意，可你又找不到合适的解决措施。关闭朋友圈，只是你对生活的一种逃避方式而已。

你对自己的生活状态不太满意，你也没有足够的勇气去改变，而且，你也不是一个特别自信、特别有主见的人。

所以，你选择了关闭朋友圈，以找到自己的一些存在感与不同感。

很多本质问题的存在，都可以反映在表象上，你对朋友圈很多问题的反感以及愤怒，其实是自己的内心出了问题，没有得到及时的梳理。

而真正强大的人，是不需要通过炫耀自己关闭朋友圈这一行为来显示自己的不同与优越感的。

-6-

你觉得朋友圈的晒、秀、炫讨厌,你可以选择屏蔽他们,只看你想看的东西;你觉得刷朋友圈浪费时间,你可以选择将时间花在更有意义的事情上;你觉得投票讨厌,不投就是啦。

而更多的人,是关闭了朋友圈,将时间浪费在了更没有意义的事情上。

如果你的生活足够充实,你也有了自己想要追寻的东西,有了切实可行的计划,其实关不关朋友圈,对你来说,是没有什么区别的。

朋友圈就在那里,你关或者不关,你还是原来的你。

而要想真正改变自己,不是花时间纠结要不要关闭朋友圈,而是想方设法去改变生活,做更有意义的事情。

关朋友圈,从本质上改变不了什么。

越能放下自己的人越快乐

-1-

百度词条说,执念是因执着而产生的不可动摇的念头。可形容因为对某事物的极度执着产生了向往、追求的坚定不移的念头。

看样子,执念是个好东西呀。

有句话说,要想成功,先要成疯。一个人要想在某一行业有所成就,就必须对某一事物极其热爱,然后用尽精力,去努力实现它。旁人觉得你傻、你疯,可是你乐在其中,因为你知道你是在为了你的所爱而奋斗。

就像夸父追日、精卫填海、愚公移山。

第二章 你连自律都做不到,还奢谈什么自由

执着于自己内心深处的感觉,不曾放弃,不曾改变。

为了自己的理想奉献出了毕生的心血,确实值得钦佩、值得学习。

-2-

在我刚上大学的时候,经常会听到这样的对话:

"你知道吗,昨天晚上某某名牌大学的一名学生跳楼了。"

"为什么呀?"

"好像是因为考研压力太大承受不住。"

"不就考个研吗,至于吗?考不上就去工作,干吗跳楼呀?"

不经世事的我暗自鄙视着这些想不开的人。

三年后,我坐在考研复习室里,对这个新环境还不太熟悉。看门的大爷颤颤巍巍地走到了讲桌前,清了清嗓子,开始他的演讲。

他具体讲了什么,我记不太清了。

但是,其中有一句是这样说的:"考研只是你们毕业选择的一种,你们努力复习,辛苦备考,考上了大家都欢喜,考不上也不要丧气,你还有其他的路可走,千万不要因为考研失败而去做一些极端的事情,比如自杀。你们还年轻,还有那么多爱你们的人,

一定要想开点。"

  那个时候我心里对这些话是抱着无所谓的态度的,不就是考个研吗,至于吗?考不上就去工作,有什么大不了的。

  然而,年少轻狂的我很快就被现实狠狠地打脸了。

  三月份准备复习,每天早上六点起床,收拾东西,背着个包,拎着一杯水、一份早餐,去自习室。

  晚上十点,收拾东西,回来洗漱,睡觉。

  单调重复的生活。

  放暑假的时候,别人去实习或者游山玩水,几个研友在楼上的自习室里继续复习,咯吱咯吱的风扇一圈又一圈地转着,可是并没有什么风。

  那个时候,我黑了一圈,也胖了一圈。

  别人看见我都安慰我说:"你那么努力,成绩又那么好,肯定可以考上的。你都考不上,那别人该怎么办?"

  九月份的时候,学校开始了保研工作,那一段时间,我白天要复习,晚上还要考虑我要不要提交保研申请书。我自认为以我的成绩,被保研本校的可能性还是很大的,可是我们学校又不是211、985。

我一直想上一所纯财经类院校，接受最全面的财经类教育，可是中国财会考研分数线本来就特别高，几大财经院校分数线更是吓人。

可是保研本校我又不甘心，我不甘心我在以后的三年里还继续在这里读书，不甘心自己努力了这么久又放弃。

提交申请前的一段时间，我真是身心俱疲，整日煎熬，身边的朋友也都以各种理由开导我、安慰我。可是，我好像就陷进了那个坑，怎么也走不出来。好像我的人生就剩下了保研和考研两件事。

有时候，我站在楼顶，看着整个校园灯火辉煌，就开始纠结，开始思想斗争：保研的话不甘心，考研的话考不上怎么办？然后再把这种纠结进化为：这么努力究竟是为了什么？这一切的意义究竟是什么？

有那么一瞬间，我真的想从楼上跳下去，一了百了，再也不用这么纠结，再也不用过这种陀螺般的生活。这是我当时最真实的心理写照。

还好，我还残留一丝丝理智，不然现在就没法坐在这儿写故事给你们看了。

后来等我跨过了那个坎，熬过了那段时间，我才发现那都不是事。

那个时候，我就卡在了一种叫作执念的东西上，我的眼里只有这一点儿事，我的心里只能容得下取舍之间的得失，我非要在这两者中间做一个选择。

我看不到我还有其他的选择，想不到我还有其他的生活方式，我的视野就被执念死死地困住了，跟作茧自缚的蚕一样，死活绕不过那个弯。

-3-

前两天，有一位读者给我写信：

她跟她男朋友分手了，但是她还忘不了他。

她每天把自己关在房子里，捂着被子哭。哭完就翻照片，回忆他们在一起时的美好时光，一边回忆着一边又开始哭。

她每天偷偷翻他的微博，看他的动态。他生活得很好，没有她他依旧很开心，而她却陷在回忆里出不来。

她想不通，以前那么要好的两个人怎么就分开了呢，她接受不了对方的生活以后跟她没有任何关系的现实。

她不知道，离开了他，她能否继续活下去。

我没有劝她，估计相同的道理别人已经跟她讲了无数遍了，她就是听不进去，然后把自己禁锢在了一个圈里：没有他，我不行。

这何尝不是另一种执念。

执着于别人曾经对你的好，执着于曾经的海誓山盟，陷于分开后的撕心裂肺。

你为何不洗洗脸，清醒一下，放下那无谓的执念，出去走走。或许，你可以看到更大的世界、更多值得你关心的事物。

你可能一时半会儿还忘不掉，但是，你已经不会再把自己锁在那一个圈子里，苦苦走不出来。

-4-

执念，用得合适，它会使你学习进步、事业成功，让你去实现自己的梦想。

可是，太深的执念会限制你的视野、禁锢你的想法，让你画地为牢,困在自己的圈子里,怎么都走不出来。

有时候,对事物不要太过认真、太过纠结,将自己囚禁其中。先放放它,散散心,说不定,就能找到另一种解决的办法呢?

生活又不是判断题,不是非要有个是非对错才罢休,何必执着于此。

太认真,你就输了。

第三章

你的善良，必须有点情商

你是为自己而活，不是为了别人。

永远不要为了讨人喜欢而改变自己

—1—

哪种姑娘是好姑娘？

上得了厅堂，下得了厨房，善解人意、温柔贤惠的姑娘绝对是好姑娘。

在公司里可以呼风唤雨，搞定一切疑难杂事，在家里可以相夫教子，深受婆婆喜爱，深得老公宠爱的姑娘也是好姑娘。

像田螺姑娘一样，总是默默地付出，帮你把一切都做好却又悄然离去的姑娘那也是好姑娘。

给得了面包还有一份好爱情的姑娘，更是好得不能再好的姑娘。

第三章 你的善良，必须有点情商

可是，我偏不要成为"好姑娘"。

-2-

我小时候是一个特别调皮又特别懒的孩子。

别人家的孩子平常没事都在帮爸爸妈妈干家务，大清早起来扫扫，到了午饭时间帮家长洗菜，晚上洗洗自己的脏衣服，再顺便把家长的洗了。

而我呢，就是那种太阳都晒屁股了我还在被窝里躺着，醒来后就坐在电视前看节目，家里的活从来不干，脏衣服往洗衣机里一扔就撒欢出去找小伙伴了的。

常常有亲戚批评我："小小年纪就这么懒，以后谁敢娶你？"隔壁的邻居也苦口婆心地劝我妈："别太惯着孩子了，怎么可以这么晚还不起床，我家宝宝早上六点起来就干家务了。"

我妈笑着岔开话题打发了邻居，回过头来念叨，那句话我现在还记得："我自己的女儿要你多管闲事？"

那个时候，我真的对我妈超级膜拜，她怎么可以这么毫不在乎别人的评价，这么有主见呢？

-3-

对，我是懒，可我不是真懒。

小时候，我爸妈特别注重对我的教育，整天耳提面命地让我在学校里好好学习，听老师的话。

白天我要在学校上课，晚上回来除了做老师布置的作业，还要做我爸爸一时兴起给我出的数学题。

你看到我睡懒觉，是因为我平常累得要死。难得的休息时间当然要充分利用了；你只看到我不做家务，可是不知道我每天都在努力学习。

他们不了解我，也不理解我，总是站在自己的角度去看问题，以自己的标准评价我，然后让我以他们期望的方式去生活。

末了，他们还加上一句：**我这是为你好。**

-4-

高中的时候，我们班有这么几个女生，她们穿着漂亮、打扮精致，还有着人见人爱，花见花开的好容貌，留着长长的指甲，染着漂亮的头发。

她们不与别人打交道，敢直接顶撞老师。

第三章 你的善良，必须有点情商

当时，我就在想，这些女生怎么能这样，她们绝对是不好好学习的坏姑娘。

然而，我很快就被打脸了。她们的期末成绩可以甩我几条街，她们的英语口语让我羞愧。

我在她们面前就像一个丑小鸭一般，而她们，依然在我们惊诧的眼光中我行我素。

比起她们的优秀，我更羡慕她们毫不在乎别人的眼光，也不畏惧别人的评价，有主见。

她们知道自己想要什么，知道自己的奋斗目标是什么。

-5-

刚上大学的时候，同寝室有姑娘整天抱着电脑看电影，看韩剧，嗑瓜子，聊天。而我晚上六点半必须出发去上自习课，十点回来，打水、睡觉，第二天早上六点半去教室占座位上高数课。

于是，我就受到了这样的质疑："你为什么老是这么不合群，你为什么总是要跟别人不一样？"

年少气盛的我回了句："我为什么要跟别人一样？"

每一片叶子长得都有差异，你为什么要苛求我跟你一样？如果我跟其他人一样,那我的存在还有什么意义?

我们生活在这个社会中,总想得到他人的认可和赞同,而我们也始终活在别人的期望中。

有人希望我勤劳一点儿,有人希望我漂亮一点儿,有人希望我热情开朗,有人希望我安静温柔。

我总想让别人喜欢我,想跟他们做朋友。于是,我不断地要求自己,不断地按照他们的意见去改。

可是后来,我发现,这样的生活真的好累呀。我变得几乎连自己都不认识了,可还是有人对我不满意。

-6-

我们都听过爷孙俩一起骑驴的故事。爷爷骑,有人说爷爷不疼爱孙子;孙子骑,有人说孙子不孝;一起骑,说不爱护动物;最后,不得不把驴抬着走。

我们都嘲笑他们,可有时候我们又何尝不是他们?

我见过太多的姑娘,跟曾经的我一样。活在别人的评价里,活在别人的期望里,委曲求全,却依然得不到好的评价。

你的一再讨好,不但失去了原本的自己,还让别人更变本加厉，更肆无忌惮地干涉你。

后来，我才意识到，那些一再要求我改变的人，只不过是希望我成为他们心目中的样子，希望我按照他们的期望成长。

他们希望我变得跟他们一模一样。这样，我们才能有共同话题，才能更加和睦地相处。

他们并不是真的爱我。

他们只是自私地站在自己的角度，毫无顾忌地去干涉我的决定，对我的人生指手画脚。

他们想从我身上获得成就感，证明他们是对的，证明他们比我厉害。

又或者，他们想把我拉到跟他们一样的 level（水平）上，然后扬扬得意：你看我是对的吧。只有我跟他一样，他才会觉得自己的人生是正确的。但凡我与众不同一点儿，他们就会觉得不自在，没有安全感。

-7-

你说你是为了我好。

我不要求你包容我、爱护我，接受我的小任性，容忍我的小瑕疵；我也不要求你站在我的角度为我考虑问题，分析我的处境与立场。

但是，你是不是应该尊重我，尊重我的独立，相信我可以为自己的人生做出选择？

人跟人之间交往要保持最起码的尊重，即使最亲近的朋友也需要给彼此留一点儿空间。而且，我们也许并没有那么熟。

我们总是活在别人的期望里。可是，一千个读者眼里有一千个哈姆雷特。每个人的审美标准都是有差别的，我们又怎么可能让每个人都喜欢？

我们都是成年人，都有着独立的思想和生活方式，只有我们自己知道，什么才是最适合我们的，以及我们最想要的是什么。

所以，姑娘，请自信一点儿，请独立地为自己的人生做决定。我有优点，我也有不足，但是我完全接受我自己，我也承认我的一切。

你接受我的一切，那皆大欢喜。你要是不接受，那也请你尊重我的选择，我不需要你廉价的评价与期望。

所以，如果可以的话，我不要当"好姑娘"，我想不在乎别人的看法，特立独行，努力奋斗，以自己的方式去实现梦想。

我不要活在别人的期望里，不要活在别人的评价里。

我只想按照我的方式去生活。

你的善良，必须有点情商

-1-

周末约了一位作家——好友小A。我们一起吃了顿饭，然后从最近上映的电影、爱看的书，聊到了吃饭的口味。天南地北，无所不聊。

席间，她的手机一直显示有微信消息，左上方的那个绿色指示灯闪烁不停。她有些不好意思地冲我笑了笑，打开微信看了一眼就锁屏了。然而，没过一会儿，绿色指示灯又开始闪了起来。

小A一脸不耐烦，恨不得把手机摔出去。我好奇地问："怎么了？"

原来，小A有一个高中同学，好几年没联系了，最近不知道从哪儿知道了她的联系方式，加了微信，有事没事就给她发消息。

刚开始还只是一些寒暄的问候，后来就变成了每天不定时的消息轰炸。小A只要一打开手机就能看到他发来的消息，而且也不是什么紧急的消息，要么是"今天周末了，你打算干什么呀？我们说说话呗"，要么是"我今天遇到了烦心事，公司的某某又给我挖坑了，你说怎么会有这种人"，要么是"我跟我前女友怎么怎么了，你说她心里还有没有我？你说我们还有可能吗"，小A整个人都不好了。

每天她都会收到这样的垃圾信息，少则几十条，多则几百条，还附带各种听不清楚的语音。

小A真想问他："喂，天天把我当情绪垃圾桶，我跟你很熟吗？你发这些消息前能体谅一下我的感受吗？"

-2-

看着小A无可奈何的样子，我想起了我之前的遭遇。

刚开始写作，我认识了很多作者和读者，也有很多通过群加的好友。因为都在一个群里，抬头不见低头见，所以尽管不熟悉，我还是会通过他们的好友申请。

有些人是客客气气打个招呼，以后互相学习，大家共同进步。

有些人二话不说，上来就抛出一大堆情感问题，让我帮忙解答，我要是回复得晚一点儿，他们就说我高冷。

其中有一个朋友，更是过分，大半夜找我聊天，向我吐槽烦心事，聊自己的前任。我那个时候正在写一篇稿子，回复他消息的时候有些晚了。

看着几十条语音消息，我有些抑郁，好不容易听完一大堆负能量，还没来得及消化，对方又开始了消息轰炸，质问我为什么不回复他。

我当时实在很累，想着第二天再说吧。第二天早上我和群里的一个朋友聊了几句。这个朋友看到后就给我发微信："你有空在群里说话，却没空回我微信。你这人什么人品啊！"

我当时很无语，回复了一句："我不是你的陪聊机器，再见。"然后，就把他拉黑了。

-3-

微信现在已经成为必备的交流工具，而随着各种网络平台的诞生，很多人可能现实中不认识，但是在网上无话不谈。这也就产生了许多有共同联系的网友，比如通过简书、公众号认识彼此的作者和读者。

相对于熟悉的人，我们好像更倾向于将生活的烦恼向不相识的陌生人倾诉，想向他们倾诉我们的故事，听听他们的建议。

但是，在网络的交流中，我们只能看到对话框中的消息以及设定好的表情，对方正在干什么、是什么心情，我们不得而知。

这导致一些人在聊天的过程中，一味地输出自己的看法和感受，一味地将对方当成自己倾诉和发泄情绪的工具，完全不顾对方此刻内心的真实感受。他们发完消息，就想要对方立刻回复，否则，就认为对方"高冷"或者"不重视自己"。

可是，即使是在网络世界，你也要学会体谅一下别人，给别人一点儿自由的空间和思考的空闲呀。

-4-

我承认，在伤心难过时，我们都会找朋友吐槽、求安慰。人心都是肉长的，谁都不是一生下来就有铠甲护身，万箭都伤不了。

我们绕不过那个弯时，都希望朋友安安静静地听我们诉苦，排解心里的抑郁。朋友会给我们一些有用的建议，帮助我们及时走出困境。

但这些都是建立在你们有一定的友情基础之上的。

因为我们是朋友，我们之间有一定的友情基础，会牵挂和关心对方。所以在遇到什么问题时，一方愿意吐槽，一方愿意听，我们彼此心甘情愿。

可如果是毫无交集的陌生人，你跟我吐槽一次，我可以理解，因为谁都有想向陌生人倾诉的冲动。可是，你一而再，再而三地用自己的问题去轰炸别人的私人空间，就有些越界了。

说真的，我没有义务花费好几个小时去听你无休止的吐槽和哀怨，而且你还完全不尊重我的感受。

鲁迅先生说了：浪费别人的时间等于谋财害命，浪费自己的时间等于慢性自杀。我拒绝慢性自杀，你也不要谋财害命，好吗？

—5—

有付出才有收获，是妈妈从小就教育我们的道理。

可是，仍有很多人，打着"友情"的旗号，把朋友当成免费的消耗品，有事就去找朋友，没事就躲得远远的。

可是，我们都是有独立思想的人，没有人生下来就是为你服务的，你不仅想像大爷一样让别人听你使唤，你还不想花钱。

对，就是不想花钱。

向陌生人倾诉，让他听你那无聊的故事和哀叹，很大程度上是因为这样做是没有成本的。首先，你不用付钱，这可不是心理咨询师；其次，一言不合，大不了拉黑，反正不是现实中的朋友，不用考虑见面时怎么办。

所以，你选择了找躺在你通讯录里的陌生人诉苦。

可是亲爱的，我也有我自己的生活，也需要休息和充电的时间。要知道没有人有义务一直无条件地为你付出，听你诉苦。请你在满足自己需求的同时也考虑下我的感受，不然我们真的不适合做朋友。

不要总是被爱裹挟

—1—

上高中的时候流行QQ空间,那是一个"少年不知愁滋味,为赋新词强说愁"的年纪,在自己的空间里发各种各样矫情的话,比如:"而我终究要离去,像风筝飞向很蓝的天,再也不见。"或者:"擦肩而过时,咫尺即是天涯。"现在的我们可能都看不下去,而那个时候我们乐在其中。

最开心的就是在空间里通过换装饰,把空间打扮成各种模样。在空间开通黄钻,在QQ上换各种QQ秀,给对话框旁边的小女生穿上各种漂亮的衣服。那个时候，只要自己觉得开心就好。

然后，一个二十几岁的哥哥就教育我："你以后要是再买黄钻和QQ秀，我就再也不进你的空间看你发的文章了，也不在你的说说下面评论了。"

我当时有点吃惊，不可思议地抬起头，正好对上他那一本正经的样子，不禁"噗"的一声就笑了出来。这一笑可不得了，他的小宇宙爆发了，立刻帮我算起账来：

"你开通黄钻一个月18块钱，一年就是216块钱，你可以把这216块钱省下来，逢年过节给家里的老人发个红包，老人也会很开心。既不浪费钱，又尽了孝道，不是比你做这种无聊的事情更有意义吗？"

"你居然还好意思笑？你是不是觉得这件事根本无所谓？我这都是为了你好，你怎么就是不相信呢？"

我在全程发懵地听完了他的话，然后弱弱地回了一句："可是这样做我开心呀。"

把钱花在一些看似浪费的事情上，从理性的角度分析没有什么意义，可是我开心，我愿意啊！这件看似毫无意义的事情，给我带来的快乐却是难以衡量的，你为什么要借着"对我好"的名义制止我呢？

-2-

之前我看过国内一档情感综艺节目，女生是一家创业公司的老板，月收入一两万。现男友北漂失败后，回到家乡，在当地找了一份普通工作，月收入四千。两个人继毕业分手后再续前缘。

女生在忙碌的工作之余，偶尔会去有情调的餐厅吃个饭，听一场喜欢的音乐会，做个指甲，买几件心仪的衣服犒劳一下自己，也会买一些贴心的礼物送给男方。

但是男方呢，就觉得女方乱花钱，虽然也试图理解女方想放松一下的心情，但还是会忍不住责怪她："在外面的小餐馆吃吃就可以了，为什么要浪费几倍的钱去吃同样的东西呢？买衣服没必要买那么贵的，买一般的就可以了。我们平常不要那么浪费，能省一点儿是一点儿，毕竟以后还要一起生活呢！我们可以用省下来的钱去干更有有意义的事情。"

听起来句句在理，他都是为了他们的以后考虑。女方也不知道如何反驳，一点点地降低着自己对生活的要求，有时候想想也挺奇怪:"我月收入一两万,好好吃顿饭有错吗?"

你不要因为爱我,就总是站在自己的立场对我的生活指手画脚。要站在我的角度,去真心为我考虑。

-3-

刚刚毕业的小A跟我说,每当她站在美丽的橱窗外,看着橱窗里的衣服时,她男朋友就开始紧张地做着思想工作:"其实吧,我挺想给你买的,我也觉得你穿上那些衣服会特别美,可是我现在的收入并不高,这你是知道的。看到你喜欢的东西,我却不能亲手买给你,我觉得心里很难受,是我不好,没有照顾好你。但是,说实在的,衣服也不用穿得太好,我们去外贸店买吧,既便宜,质量还好。"

一番话听得小A脸都要红了,觉得自己犯了什么大错一样,一整晚都没睡好,翻来覆去地想,自己是不是给男朋友增添了额外的负担,是不是给他带来了不必要的压力,是不是有必要好好道个歉,才能减少自己的负罪感。

我回复:"是有必要好好反省一下,反省自己是不是眼光出了什么问题。"

每个人都能说爱你，每个人都会说是为了你好，不要被这些花言巧语所蒙蔽，要看看苍白的言语后面，他具体做了什么，付出了什么。

-4-

什么是裹挟，百度上说：借力量、权势、暴力或者恐吓等手段约束、控制或者支配而动摇个人的意志或欲望。

在恋爱中，裹挟就是一方打着为你好的名义，去干扰你；他会借着爱的名义，左右你的判断，对你的生活指手画脚。

我爱你，也是真心实意地想跟你在一起。但是，相爱的前提条件是我们在现实生活中是自由的，精神世界是相互独立的。我们各自是完整而理性的人，有足够的能力为自己的生活做出最恰当的选择。

爱情里两个人可以求同存异，因为我爱你，所以我愿意为你，为了我们的生活，做出一些合理的让步，也愿意牺牲一些东西，让我们相处得更融洽，让我们的生活更快乐。

但是，这并不代表你有权利打着"爱"的旗号来裹挟我。

因为你爱我，我就不能花钱买自己想买的东西，不能去稍微好一点儿的饭店，不能穿稍微好一点儿的衣服。

因为你爱我，我就必须时刻向你汇报我在做什么，必须告诉你我与通讯录里的异性都是什么关系，还得让你偶尔小小猜忌一下。

因为你爱我，我就得乖乖听话，不能发脾气，不能出去跟朋友玩，不能做自己想做的事情，不能过自己想过的生活。

这样的爱算哪门子爱呀！

爱是相互倾慕，相互尊重，我们试图去理解对方并尊重对方的选择，我们在一加一的基础上，让彼此求同存异，让生活过得更加舒服。而不是为了你的看法和判断，为了你所谓的计划，我就要做出一些我并不情愿的选择，舍弃掉我原有的生活。

那不叫爱，叫自私。

姑娘，我为什么不同情你

— 1 —

听到隔壁位置传来一阵阵抽噎声，若有若无。我一边忙着核查手里的发票，一边漫不经心地问："小雅，你感冒了？"

奇怪，怎么没人回应？我停下手里的工作，抬头去看。只看到小雅红着眼睛，低着头，整个身体微微颤抖着。

我赶紧把纸巾塞到她手里，抱着她，小声问："要不要先回去休息会儿？"她固执地摇了摇头。

心情平复下来，她才慢慢地说了事情的经过。

第三章 你的善良，必须有点情商

之前经理让她给各分公司发了一份通知，但是，有一位分公司的同事并没有按通知的要求去做，经理质问那位同事时，他却把所有的责任都推给了小雅，说根本没收到通知。

"这点小事都干不好，你这么多年的财务工作都白做了？"经理不问青红皂白，直接把小雅叫过去批评了一顿，质疑小雅的工作态度和工作能力。

小雅根本没机会辩解，那份通知她明明发给了分公司，消息记录都可以查得到，可是他们这么冤枉她。

我话到嘴边又咽了回去，唉声叹气地回到了自己的座位上。

相似的事情发生过很多次，道理我们跟她说了很多遍，她根本听不进去。不是我不安慰她，而是有些事她自己意识不到，谁也帮不了她。

-2-

小雅是我们公司的一位老会计，大学毕业就进了公司，在这儿干了十几年了。她见证过公司的辉煌，也经历过大裁员时期的心惊胆战，一直与公司风雨同舟。

这样一位老员工，不仅没有得到大家的尊重，反而人人都可以踩一脚。

为什么？因为她太善良了。

因为她太善良，不懂拒绝，别人会把烦琐的工作推给她。帮别人做工作，做得好是应该，做得不好则会被责怪。

因为她太善良，即使没得到原本属于自己的东西，也只会隐忍。自己都不在意自己，别人怎会在意？所以，是她教会了别人忽视她。

因为她太善良，不会为自己辩解，只能委屈地为不负责任的同事背黑锅。

因为她太善良，默默承受着同事的恶意中伤。在上司的眼中，她就是一个经常工作做不完、经常做错事的员工，尽管那些都不是她的工作。

可是，谁会相信呢？

时间长了，大家都会习惯，习惯她的善良，习惯她的付出，也习惯欺负她。

职场的钩心斗角，办公室的明枪暗箭，不是那么容易就可以躲避的。而她的善良，说白了就是软弱，不敢争取自己应该得到的，也不敢拒绝原本不是她的工作。

马善被人骑，人善被人欺。太过善良的你不但得不到肯定与感谢，反而会让别人得寸进尺。没有人会同情你委屈的眼泪，因为欺软怕硬是大多数人的本性。

我们从小到大受到的教育都是，忍一时风平浪静，退一步海阔天空。可是，没有底线的忍让只会让自己越来越懦弱，让自己的生活越来越艰难。

-3-

这样的事也曾发生在我另外一个同事小南身上。

小南和我几乎同时被招进公司，又都背井离乡，自然有很多共同话题，所以，我们很快就成了好朋友。

小南觉得自己刚毕业，应该多做、多学，所以她刚参加工作的时候特别积极。办公室里只要有人忙不过来，她就立马过去帮忙。

大家都很喜欢她，觉得她是一个乐于助人的好姑娘。

但是，事情的发展并不像小南所预期的那样。她的办公桌上堆积了越来越多的工作，她的时间已经完全不由她控制了。

"小南，你帮我复印一下这些资料，我明天要用。"办公室的赵姐把一沓材料甩在她桌上。

"小南，这次会议纪要你帮我做吧，我有点不舒服。谢谢你啦。"隔壁小李笑着说，接着就开始玩手机了。

面对同事的无理要求，小南不知所措，便去请教带她的师傅。

师傅告诉她："小南，升米恩，斗米仇，搞好人际关系不只需要付出。你要先做好自己的工作再去帮助别人。而且，你要让别人意识到，你的帮助不是理所当然的，适当的拒绝会让别人更尊重你。"

你不敢拒绝，无非是想通过讨好来赢得你与同事的和睦相处。可是，又有多少人能理解你的付出呢？

师傅的话，让小南突然醒悟。她意识到，一味地付出只会让自己身心俱疲，并不会得到任何回报。

从此以后，她学会了委婉拒绝，再有人找小南帮忙时她便说："不好意思，经理交代的事情我还没做完，等忙完再过去帮你好吗？"既然是忙经理吩咐的工作，对方也不好说什么，只好默默地回去了。

刚开始大家对小南的变化还有些不习惯,不过很快就适应了。后来的她,反而更招大家喜欢了。

她的适当拒绝不但没有让大家讨厌,反而得到了大家的尊重,也保护了自己。

姑娘,你到什么时候才会明白,人与人之间的相处原本就是你来我往。你一味地付出,不仅得不到别人的尊重,还会让人看轻你。

只有自己把自己当回事,不靠讨好别人来获得尊重,别人才会看得起你呀。

姑娘,我为什么不同情你?

因为你需要的不是同情,而是清醒。

比成熟更重要的，是跟自己好好相处

— 1 —

有一天晚上，我一个人去附近的电影院看了《从你的全世界路过》。之前，在编辑的推荐下看了张嘉佳的小说，觉得这部小说的故事情节和叙述结构都很棒。

前一段时间听说电影要上映了，心里一直想着去看，但受诸多琐事的纠缠未能赶上首映，一直拖延到今天。老白是个"剧透王"，他在我去看之前早就剧透得差不多了。他说茅十八最后死了，让我做好心理准备。真到看的时候，我还是没扛住，哭得一塌糊涂。看着茅十八冲过来跟对手一片混打的镜头时，我就知道，他要死了，心里一阵难过。我不禁泪流满面。电影里荔枝抱着浑身是血的茅十八失声痛哭，电影外我在电影院的小角落里，哭得不能自已。**一个鲜活的生命，一个会说会笑的阳光大男孩，就那么消失在了。**

我在想为什么电影里的人死去会令我如此伤心，可能是因为那些人物给我带来美好的憧憬，而他们的离开，也让我停止了想象，不仅如此，此前的一切可能也都到此为止，不会有以后。

电影里，那些活下来的人，还要去抱着回忆取暖。此情此景触发了我的感伤情绪，一发不可收拾。

-2-

按理说，我早已经过了因为一个虚构的故事、一部爱情电影而难过得死去活来的年纪，因为在常人眼中我已经长大了，应该早就学会了不动声色地活着。**把所有起伏的情绪都掩藏在一张没太多表情的脸上，把所有悲伤和激动都转化成淡漠和冷静。**只因为你是一个成年人。一个成年人，就得收拾好所有的不安，所有的犹豫与彷徨，然后保持沉着和冷静，随时以一颗坚不可摧的心去面对生活。要学会克制，以一颗平常心去工作和生活。

可是我不这么认为，作为一个文艺工作者，我常年与文字打交道，多半活在了自己的世界里。我觉得人无论何时，都有要保持自己的真实。成年人要成熟不假，可成熟不是压抑。成熟是学会尊重别人的感受，某些必要的时候要克制自己。但这并不意味着，我们必须永远保持克制的状态。我们还要照顾好自己的感受，让自己的内心感到平和。比如我，在难过的夜里，会抱着自己失声痛哭，将掩藏于体内的所有负面情绪都发泄出来，然后安静地和自己待一会儿。开心的时候，我就高兴地对着镜子傻笑，看那一排露出来的牙齿，然后又对着镜子里的自己说："你真丑。"自己就把自己逗乐了。

随着年龄的增长，**我越来越看重自己此时此刻的感受，一个人的时候，我就学着倾听自己的心声，了解自己真正想要什么。**

我还是会在意别人的看法，但是那已经不是最重要的了，我现在更在乎的是自己的看法，认同自己，接纳自己。

—3—

刚毕业的时候，我去了一个完全陌生的城市，举目无亲，人地两生疏、很恐慌、很孤独。那个时候，我总想尽快融入人群，总想跟别人在一起，一起吃饭，一个逛街，跟着他们熟悉这个圈子，熟悉这座城市。

下班了，你在自己的工位上默默地等了一个多小时，想和那些加班的同事一起走，可他们完全忽视了你的存在，走的时候都没理你。生活中，你经常看到一群人在一起吃饭，而你却只能一个人。热闹只属于别人，陪你的只有孤独。

有时候你越想做一件事情，就越会适得其反，最后的结果总是与你的初衷背道而驰。你越想融入圈子里，就越会受到排斥。很多人都遇到过这种事。只有你自己变得闪闪发光了，圈子里的人才会看到你。你若优秀，他们自然会来找你。所以，无论何时何地，你最应该看重的人应该是自己。

—4—

前一段时间，微博上流行一个段子，将孤独分为了十级：

第一级：一个人去逛超市；第二级：一个人去餐厅吃饭；第三级：一个人去咖啡厅；第四级：一个人去看电影；第五级：一个人去吃火锅；第六级：一个人去KTV；第七级：一个人去看

海；第八级：一个人去游乐园；第九级：一个人搬家；第十级：一个人去做手术。

按照这个划分标准，我之前一直是处于第七级的状态，一个人去看海。至于一个人吃火锅和一个人看电影，对于我来说，已经是家常便饭。而最近颠三倒四的生活又让我升了一级：一个人搬家。一个人打包好所有行李，打电话叫快递公司将行李寄到另一个陌生的城市。在深夜里，一个人拉着行李箱，看着导航，走在完全陌生的马路上，找自己之前已经订好的酒店，陪伴的只有路边昏暗的街灯。相似的场景，却是完全不同的心态。一个人吃火锅，一个人搬家，一个人去医院，时间久了，自己也接受了这个事实，越来越享受当下的状态。但是，更重要的是，我学会了坚强和独立，**不会为了摆脱孤独的尴尬而刻意去融入他人的圈子，闯入别人的生活**。也是因为年龄，我不想再花费更多的精力去认识新人，维护那些可有可无的关系。那样做对自己和别人都是负担。

我们虽然已经不再是敏感脆弱的年纪，不再小心翼翼，不再因为别人的一两句话而彻夜难眠。但是我们学会了珍惜，学会了尊重。不再因为一点小事就和朋友翻脸，不再因为一些不理解就给别人贴标签。不会轻易承诺，更不会随便将精力放在一段不确定的感情上。

不相忘于江湖，但是也不活在虚无的关系里。毕竟，我们已经过了靠吃吃喝喝就能建立友谊的年纪了。

比起成熟，比起合群，跟自己好好相处才是最好的自爱。

这世上从不缺善良，缺的是原则

-1-

晚上跟安琪吃饭时，她额头上的"川"字拧成一团，耷拉着脑袋，好像谁欠了她钱没还似的。

"别皱眉头了，说吧，怎么了？"我放下手里的筷子，专心地看着她。

从她的碎碎念中，我明白了事情的来龙去脉。

安琪在一家私企做财务，朝九晚五，小日子过得悠闲自在。

可是，带她的师傅总是隔三岔五地让她帮忙。比如，帮师傅复印资料，做表格，取快递。

刚开始，安琪觉得没什么。自己是新来的，应该多干活、少说话，与同事友好相处，努力提升自己。况且师傅教了她很多工作技能，她自然要多帮师傅干一些了。

可是，不知不觉她已经在新公司工作六个月了，也有了自己的独立岗位，工作上跟她的师傅没有太多联系。但在她忙得焦头烂额时，师傅仍然会让她跑腿打杂。

"安琪呀，你帮我把这些东西复印一下吧，我马上要用。快点哦，我急着呢。"还没听到她的回答，师傅就已经把一沓乱七八糟的文件放在她桌子上了。安琪默默地叹了口气，只能乖乖照做。

"安琪，你这周末没什么事情吧？反正你也不回家，帮我把这些东西打印出来。"周末安琪在公司苦逼地加班，师傅一家人却悠闲地去郊外踏青了。

这些，她都忍了。

更过分的是，师傅竟然在财务报表上用了她的私章。

她刚进公司时，因工作需要刻了私章，师傅以她没有保险箱为由替她保管私章。

当时，她看着制表栏上明晃晃的章印，有点懵。

可她仍旧安慰自己:"没事,就只是个报表而已,上面还有副经理的签章呢,不用担心,师傅可能是忘了告诉我。"

听到这儿,我真想一巴掌拍醒她:"别人都这样对你了,你还在替她说话。亏你还是985毕业的,你的脑子呢?"

我强忍着心中的怒火,问她:"那今天又是怎么回事?"

上班的时候,她师傅拿了一张分公司报表,应该是审计报告类的文件,放到她面前,说:"你签个字吧,签好了我回去把你的章盖上。"

安琪看着这份自己一无所知的报表,有点害怕,借着上厕所的时候用凉水冲了冲自己的脸,醒了醒神。

谁都知道,财务数据可不是一般的数字那么简单,那背后可是巨大的经济流转。谁签字,谁就得承担这份报表的责任。

不出事,大家万事大吉,但万一出了什么事,她可是第一责任人。轻则罚款开除,重则当替罪羊,搞不好是要进监狱的。这样的责任,她担不起。

"最后呢,事情怎么处理的?"我问。

安琪说,她回去委婉地跟师傅讲,她要先确认一下数据,请教一下主办会计,才能签字。

师傅有点火,气冲冲地说:"系统里不是都有么,就让你签个字而已。主办会计连报表都没看见,他怎么告诉你?"

安琪小声地说:"那我总得确认法律责任啊。"师傅听了这话,把报表拿了回去,说:"真麻烦,你不签,我来签。真是的,我又不会骗你。"

安琪睁着一双水汪汪的大眼睛问我:"我做错了吗?"

姑娘,容我问一句,你的底线在哪里,你的原则又是什么呢?

她这么明目张胆地欺负你,你不敢反抗,还在纠结自己是不是做错了,你是不是傻呀?

她今天用你的私章,你忍了,明天让你在报表上签字,你又忍了,后天呢?你知道她还会再提出多少个无理的要求吗?你难道都要一一答应她吗?任劳任怨,有委屈不敢吱声,打掉了牙齿往肚子里咽,谁都可以踩一脚。这种人像包子,窝囊且软弱。

-2-

这让我想起了之前任职的公司的财务主管W的故事。那时候,他还不是财务主管，只是一个工作没几年的主办会计。

当时，公司想向银行贷一笔商业贷款。一般情况下，银行会调查一下企业的信用资质以及还款能力，要求企业出一份财务报表给银行。

按道理，公司只要将往常的年报跟月报如实递交给银行就好了。可是这家公司那几年经营状况不太好，资产经营状况不符合银行的要求，偏偏公司又急需这笔资金来周转。

财务总监找到W，进行了一番促膝长谈，话里话外的意思就是希望W出一份漂亮的财务报表给银行，让企业顺利拿到这笔钱。

W毫无商量地拒绝了总监的要求，说："我不会出这份报表，也不会盖章。您还是找别人吧。"

我当时觉得W帅呆了，私下问他："哥，你就不怕公司辞退你吗？"

W的话，我现在还记得："慑于她的职位和权威，我可能会答应她的要求，出一份假的财务报表。可是，这种行为已经越过了我的道德底线与职业操守。一旦我打破了我的原则与底线，以后就不知道要为这个错误再造出多少假账来弥补了。到那时，我面临的后果可能比现在的更可怕。"

第三章 你的善良，必须有点情商

是啊，人总是要有自己的底线和原则，不然，别人的无理要求什么时候才是个头呢。

你是为自己而活，不是为别人。

-3-

《华丽上班族》里，汤唯饰演的财务总监苏菲因为相信"我都是为了我们的以后"这个借口而一再帮助情人王大伟。为了帮他延迟还款期限，她违背了自己的原则；虚填了大伟原本该还的款项，在财务数据上作假。结果东窗事发，公司的上市计划因此被中断，两个人都没落个好下场。

我们坚持自己的原则，保持严谨的职业态度，是为了让工作更顺利。

倘若一个人一而再，再而三地打破你的底线，你还在犹豫什么呢？

你要学会保护自己。要知道，你的一再退让会让别人觉得你好欺负，进而一再得寸进尺。

你还要学会反击。适当的反击不但不会搞砸关系，反而会让别人更尊重你。

对方都可以不顾你的感受针对你了,你还有必要为他开脱,给他留余地吗?

你要相信,爱你的人会尊重你的原则;不爱你的人,就算你一再为他打破底线,也换不来他的一丝同情。

第三章 你的善良，必须有点情商

真正厉害的人，都很会为自己争取

-1-

最近，我的微博莫名其妙涨了许多粉丝，看着主页界面右下角的红点，我有点懵。

带着困惑，我问了一个粉丝，她说："我在一个大V的微博里看到了你的文章《养成一个好习惯，有那么难吗》，你最近应该涨了不少粉吧？"

这是前段时间我在简书上发的文章，搜索后发现好几个大V都转了这篇文章，文章下面还附有我的简介。而他们的粉丝数量是我怎么也赶不上的。

虽然涨了许多粉丝，我却并不开心。这些大V在没经过我同意的情况下随意删减且转发我的文章到微博，而且文章下的我的简介是许久以前的信息了。如果不是粉丝告知，我到现在还蒙在鼓里。

我是该谢谢大V转发我文章，还是该申诉他们侵权呢？

现在有两条路摆在我面前：

一是找大V寻求解释。我可能会得到他们的理解和尊重，但更可能得罪这些大V，以后再无合作的可能性。

二是我不去计较这件事情，接受大V转发文章给我带来的些许福利——数量不少的粉丝。但是，他们以后可能会继续转发我的文章甚至擅自删减。

人微言轻、没有知名度的我不知该做哪种选择。

-2-

我爸爸没文化，靠干苦力来赚钱。他是一名建筑工人，每天都顶着大大的太阳，系着安全绳，在高空中砌砖盖楼房。

难道他们没有考虑过自己的生命安全吗？考虑过，但他们更

第三章 你的善良，必须有点情商

在意今天可以赚多少钱，多久可以凑够孩子的学费。

难道他们不累吗？累，但他们每天都那样，习惯了。

他们已经习惯了用自己的安全和血汗为孩子谋取福利，可就算这么辛苦，他们依然无法按时拿工资。

一开始，老板说："工程完了统一发工资。"

过了一段时间，老板又说："工资先发一半，剩下的之后再给。"

我爸拿着那一半工资，兴冲冲地买了瓶小酒，抽着烟，回家坐在沙发上数钱。

我问他："你们怎么不维权呢？"

我爸说："怎么维权？找老板，老板只和工头合作，压根儿就不认识我；找工头，就得罪他咯，别说工资拿不到，说不定日后连工作机会都没有了。"

就这样，他不敢维权，一维权就会失去工作机会。就算卖苦力，也没有人会要他。

-3-

小学三年级的时候，我考了班上第二名。

发奖状的时候，我们一排四个人整整齐齐地站在讲台上，等

149

着老师宣布三好学生，掩藏不住脸上的傻笑。

"三好学生：张三、李四、王五……今年的学习内容到这里全部结束了，我们下学期再见！"

啊？我的奖状呢？第一名跟第三名都有，为什么唯独我没有？我又没干什么错事，老师还那么喜欢我，不该没有我的呀？

我站在队伍里，有点委屈和不甘，眼泪在眼眶里打转，不敢流下来。

终于，老师发现了队伍里小小个头的我。

"小树，你没奖状呀？"

"嗯，没有。"

"哎呀，老师忘记把你的名字写进去了。"他笑着对我说，然后扭头对另一个老师说，"小孩子不记事的，一会儿就忘记了。"

没有道歉，没有补发，这事就过去了。

回到家，我把这件事告诉爸妈，他们就取笑我："你自己不努力，还骗我们老师没给你发奖状，你个撒谎的坏孩子。"

我终于没忍住，眼泪决堤似的涌出来。

—4—

我为什么会被别人欺负？归根结底，还是因为能力不够。

我还是太弱了，弱到别人看不到我的存在，更别说去关注我、照顾我的感受。

我还是太弱了，弱到就算被别人欺负，也要忍气吞声的地步。

所以，要想不被人欺负，首先要变得独特，要变强。

只有你足够强大了，别人才会听取你的意见，才会足够尊重你，才会平等地与你互帮互助。

只有你足够强大了，你才有权利去跟别人叫板。因为你掌握了选择权，即使不跟他合作，你还可以找其他合作伙伴。愿意跟你合作的人那么多，又不缺他一个。

只有你强大了，他们才会真正需要你。因为他们在带给你利益的时候，你也可以提供相应的回报给他们。毕竟，人人都喜欢双赢的合作。

只有你强大了，有了独特的自我价值，他们才会真正尊重你，把你的意见放在心上。因为可以提供这样的价值的人，只有你一个。

只有你强大了，你才有机会让他们听得到你的声音，看得见你一直以来坚持不懈的努力。

-5-

这个世界是残酷的。物竞天择,适者生存。

同时,这个世界又是公平的。只要你足够努力、足够强,你就可以将选择权握在自己手里。

我们都是普通人,都想过好一点儿的生活,都想实现自己的梦想。

你可以选择将梦想像收藏秋日清晨的枫叶一样,永远藏在自己的心里。你也可以选择为了它,拼命学习以提高自己,渐渐地离自己的梦想越来越近。

这个世界包容所有差异,就看你愿不愿意努力。

第四章

别把生命浪费给不爱你的人

真正属于你的,永远不会错过。

那个说要娶你的男生,后来怎么样了

—1—

最近收到高中同学雷子的结婚请柬,新娘不是别人,正是陪伴了他将近十年的高中同学玲子。看着他们的结婚请柬,我不禁感慨:"他们从相识、相知到相爱,整整十年,今天终于修成正果,真好。"

越来越多的人不再相信爱情,越来越多的人在爱过之后反目成仇,甚至老死不相往来。所以看到这么温馨的结局,我总是能被感动到。

雷子和玲子是高中同学,记得刚上高中时,雷子就因为玲子

第四章　别把生命浪费给不爱你的人

的温婉而产生过一丝好感，但那时候他太年轻，懵懂青涩。

两个人只是偶尔在自习室碰到，简单闲谈几句，没有过多的往来。高考结束后大家天各一方，雷子选择了上海的一所理工大学，玲子去了北京的一所财经院校。就这样两个人天南地北，很少联系。

-2-

很长一段时间，我都没有他们的消息，直到有一次和雷子通电话，他突然向我打听玲子的消息，问她最近过得怎么样，都去哪儿玩了，身边有没有男生追她？

我大吃一惊，问："你怎么还没有表白？你们明明彼此喜欢，况且还是异地，你不表白是等着她被别人追走吗？"

雷子支支吾吾地说，他总觉得现在时机还不成熟，两个人异地不太好，想等时机成熟点再表白。

我们都劝他，异地不是问题，你们只要互相喜欢就好了，可以先在一起呀。以后留在哪儿工作，两个人可以一起商量解决。但是雷子执拗地拒绝了我们的建议，非要等一切都安排妥当之后再表白。

我们不再说什么，后来由于各种原因，大家渐渐断了联系。

直到前一段时间，雷子在朋友圈晒出了他和玲子的合影，背景是长城。我们才知道，大学的时候，他们虽然一直没有戳破那层窗户纸，但是也没有断掉联系。毕业后，雷子毫不犹豫地签了一家北京的公司，两个人才正式在一起。

雷子后来跟我说，他一直担心自己不够好，担心自己给不了她想要的生活，怕自己耽误了她。所以他一直在努力学习，用各种方式来提升自己，只希望毕业的时候，可以有底气地走到她面前表白。

爱情，从来不是靠誓言和承诺所维持，而我们也早已过了耳听爱情的年纪。一万句我爱你，不如一个朴实的行动来得靠谱。

-3-

雷子和玲子是同学中唯一坚持到最后的情侣，每每想到这些，都会让我有那么一点儿安慰。

闺蜜阿花和她的前男友阿冰，也是在高中认识的。

大学时，阿花和阿冰是异地恋，遗憾的是他们并不像雷子和玲子一样幸福，也没有成为彼此的灵魂伴侣。

第四章 别把生命浪费给不爱你的人

上了大学的阿花不太懂事,一心想粘着远在他乡的阿冰。想让他每天都给她打电话,想让他一有空就过来看她,阿冰稍微回复得晚点,阿花就会疑神疑鬼,生气加赌气。

阿花知道自己缺乏安全感,也总觉得自己老是跟不上阿冰的脚步。阿冰的未来里也从来没有阿花的位置,他的人生规划是读大学,读研究生,读博士,从来没有跟阿花商量过异地的他们今后如何在一起。

一个没有安全感,一个觉得自己的事业才刚刚起步。

所以,他们在分分合合、哭哭闹闹中度过了四年的大学生活。终于,他们在一次吵架中,磨完了最后的耐心,老死不相往来。

阿花说,她知道自己不对,不够成熟,不够体贴,但是阿冰也从来没有给过她希望。因为太爱,所以不能把他当朋友,她希望他们不要再联系了。

他们成了最熟悉的陌生人。

我后来想,那些曾经陪伴你走过最珍贵的青春的人,你真舍得失去吗?午夜梦回的时候,你会不会想,曾经有一个人,你是那么真切地希望可以和他共度余生?

后来我只能把这些都归结为缘分。我越来越相信，每个人来到你的生命里，自有他的意义，哪怕他只能陪你走一段路。你们的相逢也许只是为了告别，但至少他在某个时刻和你产生过共鸣，让你觉得生活不那么难熬。所以，请珍惜相遇，珍惜告别。

-4-

一直很喜欢三毛和荷西的爱情。

一想起他们，我脑海里就浮现出十八岁的荷西对二十二岁的三毛说过的话："等我六年。四年大学，两年兵役，然后就把你娶过来。"

三毛说："荷西，你才十八岁，我比你大得多，希望你以后不要再做这个梦了。从今天起，不要再来找我……因为六年的时间实在太长了，我不知道我会去哪里，我不会等你六年，你要听我的话，不可以再找我……"

天已经很晚了，他开始慢慢跑起来，一边跑一边回头，脸上还挂着笑，口中喊道："ECHO，再见！ ECHO，再见！"

每每看到这一段，总让人特别难过，一种说不出来的心酸。

被挚爱的人拒绝,然后分离,是一种怎样的无奈。

只是,荷西并没有放弃,六年之后的他,再次回到了三毛身边,促成了一段爱情佳话。

后来的我,慢慢明白,其实不论是爱情还是友情,不论是注定要分开还是会一起共度余生,我们都要在相处的过程中好好相处,好好说话,好好陪伴彼此、珍惜彼此。我们把两个人在一起的时间全部用珍惜和爱填满,就算以后缘分尽了,两个人也不会后悔,因为留给对方的都是美好。

曾经爱过的人,都要彼此温柔相待。在自己可以掌控的时间和机会里,给他足够的爱。

所以,那个说要娶你的人,不论他现在是陪在你身边,还是早已杳无音讯,我们都要怀着一颗最温柔的心,去面对未知的人生。因为不论怎样,总会有爱你的人陪在你身边。

学会珍惜,学会告别。

我曾爱过你,想到就心酸

-1-

安安给我发来微信:"我又梦到他了。"

安安说,她梦到他回来了,他们并排走在马路上,夜晚的凉风吹过发梢,他轻轻搂着她,送她回家。

他轻言轻语地说着动听的话语,今天去了哪里,见了谁,发生了什么好玩的事情。

他说:"我今天路过一家服装店,里面有一件裙子特别适合你,你穿着一定很好看。"

他说:"我们的高中学校重新建了一栋楼,就在我们以前教学

第四章　别把生命浪费给不爱你的人

楼的后面。"

他说:"下一次休假的时候,我们一起去看海好不好?"

安安在一旁静静地听着,紧紧地握住他的手,生怕是一场梦,随时破掉。

她心里想着:"只要你陪在我身边,一切都好。"

安安忽然醒了,看着眼前的那个人,心里长舒了一口气:"幸好不是梦,你终于回来了,我等了你好久。"

安安拥抱着那个人,哭得不能自已。

然后,她醒了,漆黑的房间里,空荡荡的,她意识到,自己做了一个梦中梦。

梦中的他回来了,梦中的她醒了,梦中的他们牵手拥抱,可终归还是一场空。

一切都是空的。

-2-

安安跟那个人分手三年了。

三年时间,足以让安安忘掉那个人,重新开始一段新的感情,过上新生活。

她也以为自己完全放下了。

她真的生活得很好、很快乐，也很平静，虽然她偶尔还会想起那个人，可他也只是跟路人一样，令她无感。

可是，午夜梦回的时候，那个人就会悄无声息地钻进安安的梦里，上演一场又一场离别和回归的戏。

安安在梦里，哭得死去活来。

有时候，安安都分不清梦与现实之间哪个是真，哪个是假，醒来之后，还以为他们还在一起，习惯性地打开手机，才发现，她早已经删除了他的所有联系方式。

分手时，泪流满面地说：老死不相往来。

因为爱得太深，因为伤得太重，所以分手了，势必是不能做朋友的。

-3-

我不知道有多少姑娘跟安安一样，将自己的青春全部放在了一个人身上，为他欣喜，为他忧伤，他的每一个动作，都牵动着她的心弦。

又有多少姑娘，在最宝贵的青春里，等着一个人，期待着一份回应。

我在微信群里开了个头，问他们青春里的故事。

有个姑娘跟我说了一个故事：她是如何与一个男孩擦肩而过的。她从初中就和他是同班同学，从初一到高三整整六年。

高二的时候，他参加篮球比赛，她正好参加数学竞赛，在教室里认真地算着复杂的题目。班里的女生录下了男孩打篮球时的视频，后来她和她们一起看，激动得不能自已。

每天下了晚自习，她就坐在操场的台阶上看书，而他穿着白色短袖，投着漂亮的三分球。

高二文理分科的时候，她为了以后的发展，硬是放弃了自己最爱的历史，报了并不擅长的理科。

班主任找她谈话，她低着头，红着眼，轻声说："家里人建议我选理科，因为理科生未来的选择更多。"

他们多次都在同一个考场考试，总能看到对方熟悉的身影，她每次考试都要计算好分数，想着下一次应该怎样努力才能考上理想的大学。

整个青春里，他们都像平行线一样同行却无交集。

虽然两个人平时没有什么来往，可他一直把她看成自己的"战友"。一起参加了这么多考试，一起上课，一起学习。高中的时候，有一次集体出去玩，他们两个很巧合地唱了同一首歌——五月天的《温柔》。

高中毕业之后，他们各奔东西。

上大学的时候，同学们回母校看望老师，他居然主动联系了她，约她一起去，明明是他约的她，他自己却迟到了。那一天，她等了很久，回忆起一起读书时的事，忽然觉得他陪她走过了整整一个青春。

班主任看到他们一起来的，笑着问："你们两个在一起了？"她连忙摇头，语无伦次地说"没有"。

聚会上，她的好朋友喝多了，过来跟她说："你不值得呀。"

她红着眼说："我们真的只是朋友关系。"

—4—

很多人都为她可惜，觉得她应该争取一下，那样结局该多么美好。可她没有，他们自从那次聚会以后就再也没有联系了。直到过了很久，当她得知男孩在大学有了女朋友，她才明白自己失去了什么。她顿时感到一阵空虚、一阵失落,莫名其妙地有些遗憾。她开始回忆曾经两个人同窗学习时的事情。也许她真的错过了一种美好,这样好的一个人,她居然没能珍惜。只能说可惜。

-5-

也许他曾经的主动联系就是想打破两个人平行线似的人生,想要尝试与她有交集。从什么时候开始,他做出了努力?谁也不知道。

我们都曾在青春里,痴痴傻傻地等一个人好多年,执意不肯放手,想要得到回应。

非得等到遍体鳞伤、浑身伤透的时候,才知道:我也累了。

即使是单方面的爱,也是需要回应的。

当时那个人,一个笑容就能让你觉得整个世界都温暖的人,最终却跟你恶语相向,老死不相往来。你也终于长叹了一口气,断干净了好呀,不用再伤心了。

我曾爱过你,以后可能也不会忘记你,但是我要放下你了,一段太累的感情,已经快把我消耗空了。我再也没有勇气去等一个未知的答案。

我曾爱过你,想到就心酸。

他只是想暧昧,并不是喜欢你

-1-

我的好友桃子姑娘最近好像恋爱了。

整个人看起来春风满面、喜气洋洋,仿佛每一个细胞都在跳跃着向外界宣示:"我好开心。"

每天大部分时间她都目不转睛地盯着手机,发消息,听语音,还时不时地露出傻呵呵的笑容,仿佛手机里住了一个有趣的人儿。你问她在干什么,她慌忙放下手机,说:"没事。"嘴角却露出掩盖不住的笑容。

每天都要往前台跑好几次,看有没有自己的快递。要么是兴高采烈地一路小跑,带着包裹回来,要么是垂头丧气地走过来,再问一句:"今天的快递员送过快递了吗?"

这样的事情不止一次了,我们几个朋友都在嘟囔:"有鬼。这丫头会不会是恋爱了,还不告诉我们?"

然而,再怎么威逼利诱,她就只有一句话:"我真的没有恋爱,你想多了。"

可能真的是我们想多了,我心里念叨着。

-2-

几个星期后的某天晚上,桃子神神秘秘地拉着我,说晚上请我吃饭,顺便请教我一些问题。虽然还是以往说话的语调,但是我能感觉到她心里的失落。

我也很好奇,到底发生了什么事,让她的情绪转变得这么快。

原来,桃子前一段时间参加了高中同学的聚会,跟很多好友叙旧聊天,惊叹时光的飞逝和彼此的变化之大,也感慨岁月这把杀猪刀,带走了他们最美好的青春。

桃子见到了高中时期的班长,相比以前的稚嫩和幼稚,他更成熟、更有男人味了。脸部的轮廓更加清晰,身材也更加魁梧,桃子不禁多看了几眼。班长也不断地夸桃子更漂亮了，变成了一个大家闺秀。两个人聊得甚是开心，好像有聊不完的话题，临走时还依依不舍。

那次聚会之后，班长就开始联系桃子。每天早上起来跟桃子说："早上好，小懒虫起床了没有，要记得吃早饭哟。"晚上睡觉前，就跟桃子打电话，说自己今天做了什么事情。末了再加上一句："今天我在大街上遇到一个人，看背影好像你，走上前去才发现，不是你。"

听着那边富有磁性的声音，桃子也有一些心动，心里想着：跟他在一起也不错。

他每天都会跟桃子说早安、晚安，讲一些让桃子笑得前俯后仰的笑话。听说桃子喜欢明信片，他专门收集了一些很文艺的明信片，然后写上一些比较暧昧的话，寄给桃子。

甚至有时候他会不经意地提起，下一个假期去哪个城市旅游，去哪里爬山，去哪里看海，结婚后想在哪里定居，买什么样的房子，家里要怎么装饰，阳台要放哪些植物。

有时候，桃子恍惚觉得，他们已经交往了，这跟普通的恋人

第四章　别把生命浪费给不爱你的人

有什么区别？

-3-

然而，一周过去了，一个月过去了，两个月过去了。

班长依然说着情话，送着礼物，可就是绝口不向桃子说："我喜欢你，我想跟你在一起。"

桃子想，这么久了，他应该知道自己的心意了吧？会不会是因为害羞，不好意思说。桃子开始试探性地将话题引到这一方面去，但是对方总能巧妙地避开。

桃子也试着约班长出来吃饭，对方会说，好呀。但是一谈到具体时间，对方就说没空了。

两个月下来，桃子也累了。有一天她索性把话题挑开，问他："你到底喜不喜欢我？"对方很讶异，然后回答说："我只是把你当成我的知心朋友，并没有其他意思，你可能误会了。"

桃子立刻把对方拉黑了。

桃子喝了一点儿酒，微醺，痴痴地问我："他到底喜不喜欢我，既然不喜欢我，为什么要跟我讲那么多？"

我想用一位朋友的话回复她："暧昧不表白，就是不喜欢。"

-4-

两个人从陌生人或者从朋友变为恋人，一般都会经历一个阶段：暧昧期。在这个阶段，两个人会向对方适当地表示自己的好感，然后用一些行为去试探对方是否也喜欢自己。

很多人很享受暧昧的这个阶段，觉得既刺激又好玩。两个人处在一种友情之上，恋人未满的状态，彼此之间有一些朦胧的好感，但是又没有捅破这层窗户纸。

很多女生也很喜欢暧昧期，觉得这个阶段的男生是最用心、最专情的。等正式成为恋人之后，就跟猎物到手一样，反而有点懈怠，不那么用心了。所以，女生希望暧昧期越长越好。

适当的暧昧有助于两个人的感情进展。但是一些人从一开始就是只想跟你暧昧，不想跟你恋爱。

他对你暧昧，对你好，做让你开心的事情，和你谈人生，谈未来，就是不跟你表白。

第四章 别把生命浪费给不爱你的人

然后你动心了，你开始辗转反侧，开始幻想你们的未来，才发现，对方根本无动于衷。

你开始郁闷：他既然喜欢我，干吗不跟我表白？

但是你疏忽了一点：他只想暧昧，根本不想跟你恋爱。

-5-

为什么有的男生只想暧昧，而不想恋爱呢？

首先，是只想享受权利，不想承担该有的责任。

恋人之间，你可以享受对方对你的好，享受你们之间的小幸福。但与此同时，你也要承担对应的责任和付出，节假日要互送礼物，要记得对方生日，对方伤心难过时要安慰，当然不止这些。

最重要的是，你们要彼此忠诚，只可以拥有对方一个人，否则会受到社会舆论的谴责。

但是，暧昧就不同了。可以只享受恋爱的权利和好处，至于责任和义务，你想付出就付出，不付出也没关系。而且，与一个人暧昧可以，与两个人、三个人暧昧也可以。

最后大不了一句话："我只把你当朋友。"

其次，人们宁愿一直暧昧，也不敢全身心投入一段感情中的根本原因是不自信，内心脆弱。

外表看起来风度翩翩，同时跟几个人玩暧昧的人，看起来很有魅力，其实他还是不自信。

因为不自信，所以才想用这种方式获得认同感。想通过这种方式，表明自己很受欢迎、很有魅力，从而获得内心的满足感。

如果全身心投入一段感情中，难免会受伤，而他们潜意识里拒绝这种失败，觉得这是自己无能的表现。所以，宁愿一直暧昧，也不愿意真正恋爱。

可是他们不知道，暧昧看起来伤害的是别人，其实最终伤害的还是自己。因为时间久了，自己的不安全感会不断加剧，这是暧昧缓解不了的。不仅如此，暧昧还会让别人不再相信自己，信誉度降低，最重要的是，失去了真正去爱的能力。

最后，能够和你保持暧昧的对象，一般都是一些没怎么经历世事的小姑娘，你也只能在她们的小世界里掀起一阵波澜。而真正的高手，是从你第一次接近她开始，就能察觉到，你是真的想追她，还是只想打着恋爱的名义玩暧昧。

有一句话是，在这个暧昧比恋爱更泛滥的年代，单身其实是一件很奢侈的事情。你永远不知道，谁在跟你玩暧昧，谁又在和你玩套路，说不定你想去跟别人玩暧昧，却被人看穿，反过来挑逗你一番。

-6-

比起暧昧，真心是多么珍贵，又多么稀缺。

而那些一直暧昧，不肯表白的人就是不喜欢你，或者没那么喜欢你。

与其一味地去想对方是不是爱你，是不是想追你，还不如去干一些有意义的事情，去学习，去旅行，去提升自己，等那个对的人的到来。

你为什么不敢分手

-1-

闺蜜分手了,半夜接到她的电话,我听到电话那头传来了阵阵哭声,她一边愤恨不已地谴责对方的无情,一边又对曾经的温存留恋不已。

分就分吧,有什么大不了的。这年头,又没有什么规定,爱上你就要永远守护着你。

我尽心尽力地开导安慰她,尽管我一开始就对他们这一段恋情不看好。

杯子是一个安静温柔的好姑娘,长得十分清秀,性格也特别温柔。大家一起聚会的时候，她总能体贴地照顾每一个人的感受，让大家都玩得开心。

她对男朋友更是好上加好：记得男朋友的爱好和口味；过生日时跑遍整个小城买礼物就为了给男朋友一个惊喜；男朋友打游戏的时候，杯子就在旁边安静地陪着，他看着游戏，她看着他，眼里尽是深情。

用老人的话说："这样的好姑娘，打着灯笼都难找啊！"

可是，她男朋友不仅不珍惜，反而经常对她发脾气。

走在马路上，他有意无意地瞄着其他姑娘的大长腿，对着杯子说："你看看人家，皮肤多白，腿多细。你再看看你，个头都不到人家肩膀，也就是我，还会要你。"杯子忙忙点头表示同意。

吃饭的时候，她男朋友自己吃完就拍拍屁股走人了，杯子连忙扔下筷子去付钱。他从来不给杯子买节日礼物，理由是他们的感情不需要物质来证明。

这段狗血的感情能维持三年，作为旁观者，我已经受够了。

每次问杯子，她到底图他什么，杯子总是一脸幸福地对我说："他对我很好啊。你不知道，他以前的时候……"

停停停，打住！

我好想敲醒她，你们要过的生活是现在，是以后，不是以前的回忆。不要因为以前他对你好，你就原谅他现在对你的伤害。

你到底还要在这个错的人身上浪费多少光阴？非要等到自己遍体鳞伤才肯罢休吗？

以前看过一个段子："你可以图一个男人的房，也可以图一个男人的车，但是千万不要图一个男人的好，一旦他对你不好了，你就什么都没了。"

好姑娘，你值得被更好的人来珍惜和疼爱。不要总是沉迷于他对你的好，让自己陷在一段糟糕的关系中，一点点地消耗自己。

你要成为那个自信果敢、光芒万丈的好姑娘，而不是变成一个唯唯诺诺、自卑怯懦的胆小鬼。

-2-

前段时间我在看一档情感类的节目。

一对情侣，大学毕业之后，由于工作地点不同而分手。两年之后，男生在北京打拼失败，落魄而归。女生在本地风生水起，现在是一家小企业的老板，过着逍遥自在的生活。两个人再次相遇，重新开始了爱恨纠葛。

女生月入三万，平常会去比较高档的餐厅吃饭，偶尔听音乐会，节假日出去旅游，放松放松。

男生收入相对低一些，平时生活很节俭。

"你要学会省钱，不能这么浪费。三十元可以吃的饭，你为什么要花三百呢？电影票可以团购，你为什么要到现场去买呢？出去玩不要坐头等舱，太贵了，买打折机票就可以啦。"

看得我都不禁在电视机前着急：不适合就分手，何必如此痛苦？

受邀嘉宾说："女方，你们两个人的生活理念完全不同，在一起有些不合适。"

女方支支吾吾地说："其实我也知道他有时候很过分，我们两个不适合。可是一想到自己已经付出了那么多年，就因为消费观念而分手，太草率了。"

将自己置于一段低质量的感情中，不仅会让你身心俱疲，还会不断地消耗你的精力。

明明知道彼此不合适，却还不肯放手，一再蹉跎着自己的光阴。姑娘，你到底是有多不自信？

-3-

我见过很多姑娘,谈恋爱时会卑微到尘埃里。可是对方并不能看见她的好,反而挑三拣四,最后像甩一块抹布一样甩掉她,头也不回。

我一直在劝她们:"姑娘,你要自信一点儿,你要相信自己有资格拥有更好的生活,你值得更好的人去爱你。"

在爱里,不要把自己放在一个太低的位置,要跟对方处于平等的地位。这样你们才能互相尊重、互相理解,才能更好地去爱彼此。

姑娘,你要自信一点儿,要相信你值得对方去呵护、去珍惜。我们相爱时,我用尽全力跟你在一起,我珍惜你;我们不爱时,我也不那么担忧,因为还有下一个爱我的他。

为什么要那么不自信,要那么看轻自己,非得跟处理打折货一样将自己草草送到一个不珍惜自己的人手里?明知不合适,还死死不肯放手,任凭时间一点点流失,蹉跎着年华,增加着自己的沉没成本。

-4-

后来,我才发现,有一种姑娘,是真的不自信,无法正确估算出自己的价值,才会没底气,在错误的爱情里迷失了自己。

还有一种姑娘,不是没自信,是没资本,没底气。

我去水果店买杨梅,老板说:"这边是新鲜的,二十元一斤,这边是打折的,五元一斤。"我想吃新鲜的,可是我兜里没钱,打折的我又看不上,所以我就两手空空地回去了。

那些姑娘跟买水果的我一样,想找一个温柔、体贴、帅气、多金的男人,可是对方看不上自己,那些普普通通,没钱也不帅,但是和自己刚好匹配的人,自己又看不上。于是,就只好单着了。

然后还一边看着韩剧,一边吃着垃圾食品,问我:"你说爱情不要找,要等,可为什么我等了这么久还没等到那个对的人?"

她们问得我哑口无言,我让你等,没让你什么都不干就坐在房间里看着韩剧等啊!

姑娘,你的问题在于:眼光太高,而自己又不愿改变。

你不愿找那个平凡的男生,可是那个帅气英俊的又看不上你,于是你就一边自怨自艾,一边蹉跎着人生。

因为懒惰，因为想享受着现时的安逸，所以懒得改变，不肯改变。

不愿意去学习化妆打扮，因为太累；不愿意出去游山玩水，看看世界，因为心疼钱；不愿意报班学习，因为觉得早起太困难；不愿意读书、写字、画画，因为觉得没用。

你看，那些让你升值，能把你送到更高平台上的努力，你都不愿意做。

-5-

因为懒得改变，因为配不上自己想要的生活，所以你只能抱怨。

前男友瞎了眼才会放弃我，我总有一天会让他后悔的。

那个同事肯定走了关系，不然为什么来得比我晚，升职却比我快？

她能考上那个证全凭运气，我要是去，也一定能考上。

抱怨是世界上最轻松的事情，嘴皮子一动，就将全部责任推到了别人身上。抱怨不仅可以推卸责任，还能够得到大家的同情，求得别人的安慰，让别人支持你、认可你。

可是，用自己的悲惨去获得别人的认可，这样的生活多可悲呀！

姑娘，我宁愿你活得潇潇洒洒，笑得肆意爽朗，哪怕别人会说你不知人间疾苦，也能傲娇地回一句："这些不是有你替我品尝吗！"

可是，这一切的前提是治好你的"懒癌"，下定决心改变自己。只有把自己改变得能匹配上你想要的生活，生活才会给你该有的馈赠。

该怎么改变，我就不啰唆了，只要你想改变，有千万种方法。最后一句：认真学习一切对你有用的东西，然后将其中一个方面研究到透彻、专业。

对了，不要太懒，会懒死的。

那些偷偷爱着你的人怎么办

— 1 —

据说微信有一项新功能上市了，这个新功能是，帮你一键删除那些不常联系的人。其中有三项选择：半年内无一对一聊天，无共同小群组，半年内没有回覆过他（她）的朋友圈。

看到这条消息时，我心里有一种莫名的失落。

不知道从什么时候开始，我们微信里的人变得越来越杂。从最开始的朋友、同学、同事，到后来的客户、领导，甚至仅仅有过一面之缘的人都成了我们朋友圈里的好友；就连上周帮我办信用卡的业务员、楼下理发店的造型师，以及让我坐了一次顺风车的司机，都是我的"朋友"。

有人说：多好呀，朋友圈每天都这么热闹。

可是，我每天都能收到一些乱七八糟的"清理好友信息"，一直都很烦恼。

这下好了，微信新增了这项功能，我再也不用群发清理好友信息了，一键删除，多省事。

现在不都提倡"断舍离"吗？不都说"要把最宝贵的时间留给最珍贵的人"吗？微信多智能，一键帮人们解决烦恼。

可为什么有人不乐意了呢？

微信的诞生，逐渐刷新了"朋友"的定义。

最开始的朋友圈里有家人、朋友、同学，还有自己偷偷暗恋着的那个人。每一次发朋友圈，我都格外开心；每一次点赞，也都是带着最真挚的祝福。

可是，随着"朋友圈"的扩大，微信朋友圈的功能也悄悄发生了变化。

最常联系的人是客户，经常去点赞的是老板发的状态，朋友圈里的内容也都是和工作、业务相关。

微信里的朋友，不再只有家人和同学，还有建立在某种社交关系之上，和工作、利益相关的"朋友"。**朋友圈，不仅仅是"朋友圈"，更是社交圈。**

那些真正的朋友，可能正默默地关心着我们。他们虽然不经常给我们点赞，也不经常发微信给我们，却等着我们一起举杯畅饮。

"一键删除不常联系的人"的操作，有可能删除的是真正的朋友。所以很多人都不是很喜欢这个功能，也不愿使用。

-2-

半年前阿和和她前女友栗子分手了，但是阿和依然没能放下她。

他想念和她在一起吃麻辣烫的情景，她总是一个人点两份土豆，还从他的碗里抢。

他想念有她陪伴的夜晚，晚上一翻身就可以抱着她。

第四章　别把生命浪费给不爱你的人

　　他想念两个人关于未来的美好设想：以后要有一所装有落地窗的大房子，再养一条狗，这样才是一个完美的家。

　　只是，他现在再也没有理由去打扰栗子了。只能每天偷偷翻着她的朋友圈，看她今天做了什么，看她在评论区和谁嬉笑打闹。

　　悄悄进入她的朋友圈，又悄悄退出。想要给她点赞，想了想，又关掉了微信页面。

　　虽然不能再像以前那样陪在她身边，但是他每天依然能看到她的状态，还能看着她开心快乐，他就已经很满足了。

　　只是，随着微信新功能"一键删除不常联系的人"的出现，他以后连看她的朋友圈的权利都没有了。

　　从此，他只是她的路人。

　　你是我想偷偷守护着的人，就算不能陪你到老，我也想守护在你身边，看着你快乐，看着你越来越幸福，这样我才能安心。如果可以的话，让我待在你的微信朋友圈，不要删除我，好不好？

-3-

圆圆是我认识了七年的好朋友。

我们能好到什么地步？一毕业我就在外面打拼，想着家乡的房价低，早点在老家买一套房子囤着。房子选在什么地段合适？我第一个问的不是家人而是一直在外省读研的圆圆。

圆圆不假思索地回答我："选什么地段，到时候我买在哪里，你就买在哪里啊！跟我买同一个小区不就好了吗？到时候还能互相蹭饭，周末一起逛街。"

听着她的语气，好像早就把生活规划好了，我连忙说："对对，你说得对，就按照你说的来。"

圆圆是我学生时代的同桌，由于性情相似、三观一致，我们很快就成了无话不说的好朋友。后来虽然不在同一所大学，毕业后也不在同一所城市，但我们依然珍惜这份友谊，互相关心，互相挂念。

虽然是这样好的朋友，我们却不经常在微信互动，从来不在朋友圈里给对方点赞或留言。

因为我的工作，朋友圈里读者和客户比较多，大多数都是不熟悉的人，所以我很少刷朋友圈。而她是一名教师，最喜欢一本书、一张车票走四方，并不活跃于群聊和朋友圈。

所以我们很少在微信里互动。平常都是想对方了直接打一个电话，或者视频通话。但更多时候是好几个月都不联系，彼此忙于自己的生活和工作，回到老家之后，小聚一次。

坐在餐桌前的我们，笑着看着彼此，就像刚见过面一样，没有任何生疏。

只是，微信新功能"一键删除不常联系的人"出现后，某一天，我手一抖，可能就把她删除了。

你是我不聊天但是也不想删除的朋友，即使长时间不联系，你在我心里的位置也依然重要。

-4-

龙应台在《目送》中写道："我慢慢地、慢慢地了解到，所谓父女母子一场，只不过意味着，你和他的缘分就是今生今世不断地在目送他的背影渐行渐远。你站在小路的这一端，看着他逐渐消失在小路转弯的地方，而且，他用背影默默告诉你：不必追。"

不论我们走多远，不论我们用的社交软件有多先进，我们都有一个共同的根，那就是父母。

他们可能并不懂你在朋友圈发的那些专业术语是什么意思，也不知道跟你一起吃饭、合影的那些人是谁。

但是他们还是会乐此不疲地一遍又一遍地打开你的朋友圈，去翻一翻早已经看过好多遍的状态，然后再心满意足地关掉页面，去做自己的工作或者家务。

对于你来说，他们是你微信里"不常联系的人"之一，但是你在他们的微信里却是最重要的那个。

他们总害怕你在忙，担心你在跟领导和同事吃饭，不敢轻易去打扰你，只能选择默默地一遍又一遍地翻着你的朋友圈，再看看日历，算算离过年还有多久。

微信新功能可以定义哪些是"你不常联系的人"，却无法定义哪些是"你不常联系，却很重要的人"。

我们常年忙工作，不忙工作的时候就活在朋友圈里，虽然有些人对我们来说很重要，可我们却很少联系他们。不要等到社交软件要自动删除这些人的时候，我们才去珍惜。要把时间都浪费

第四章　别把生命浪费给不爱你的人

在我们最爱的人身上，把爱都给最值得我们珍惜的人。

如果可以，让我对那些不常联系的朋友，道一声："朋友，好久不联系，你还好吗？"

找一个能跟你一起吃饭的人在一起

-1-

今天还没下班的时候,办公室的林哥就大声吆喝着:"下班之后在小食堂包饺子哦,记得过来搭把手。"

"要包饺子呀,真的假的?"话音还没落,我们几个小姑娘已经乐开花了。

不是说饺子有多稀奇,有多珍贵,而是在外面生活久了,吃够了超市的速冻饺子和餐馆无味的饺子,还是觉得自己包的最好吃。

自己和的面,自己剁的肉,自己包的馅,看着锅里沸腾的水和

第四章　别把生命浪费给不爱你的人

起起伏伏的圆滚滚的饺子，还没吃到嘴里，就已经觉得很满足了。

林哥逢年过节的时候，就领着公司里不回家的同事，去食堂包饺子。他包的饺子尤其好吃。看着他擀面皮时熟练的手法，和馅时对料的掌控程度，以及包饺子时专注的神情，你就能感觉到一种很温暖、很融洽的氛围。

林哥和面的时候，王姐就在旁边切菜，等林哥把面和好了，王姐也把菜切好了。林哥去和馅的时候，王姐就在一边擀饺子皮，末了两个人对视一眼，然后一起包饺子。

整个过程没有说一句话，但是里面的默契都要把旁人融化了。

王姐说，她最喜欢吃林哥包的饺子，不论有什么不开心的事，只要一回到家闻到香喷喷的饺子味，就什么烦心事都不记得了。

每一次饺子刚熟的时候，林哥总是将第一碗热腾腾的饺子端给王姐。

这端的哪是饺子呀，明明是想把世界上最好的都送给你的一片心意。

-2-

这样的场景让我想起了在微博上看到的一件事情：

一对男女朋友都饿了一天,坐在一起吃晚饭,却因为最后的两只小龙虾争了起来。

男方说:"谁能抢过你?你一上来就光挑虾吃,一共十三只,你已经吃了八只了。你每次都是这样,一提起吃的就不管不顾了,你是不是应该考虑一下我的感受?"

女方说:"你还是不是我男朋友,别的人都是宠着自己的女朋友,恨不得把最好的给对方,你却连十三只龙虾都跟我抢,你还是不是个男人?"

吃完饭,一个人在沙发上看电视,一个人在书房上网,就剩下桌子上的一片狼藉独自尴尬着。

在这里,不论孰是孰非,也不评价两个人的出发点和难处,我们就谈谈吃饭。

我们平常上班、学习、读书、运动,无时无刻不紧绷着神经,都在忙碌着。只有在吃饭的时候,我们是最放松、最没有防备的。

而这样一顿饭,很简单地暴露了双方的情感问题。

没有体谅。

女方对之前男方通宵工作没有体谅,反而责怪他跟她抢龙虾。

男方的眼里也没了心疼，恋爱时的贪吃爱玩已经不是可爱，而是不懂事、不体贴。

连一顿饭都不能吃到一起，以后生活中的其他问题要怎么沟通解决呢？

-3-

好友山山之前跟M先生在一起，每次吃饭讨论吃什么的时候，M先生选的饭店、点的菜全都非常合山山的口味。

不是说M先生有多聪明，有多善于察言观色，而是在日常的接触中，M先生把山山放在了心上，山山平常喜欢吃什么，常去哪几家饭店，忌口什么，只要稍微用点心就能记到心里。

因为心里有对方，所以就会格外在意和关心对方，其中就包括对方的饮食偏好以及其他小习惯。

而我也见过，在很多家庭里，妻子辛苦工作了一天，下班后在厨房里忙活了半天，尽心尽力做出一桌子菜时，丈夫说一句："这做的什么呀，这么难吃，是喂猪的吗？"

就这样，妻子的一片心意碎成了玻璃渣，片片刺骨心寒。而孩子在这样的家庭里，也学不会尊重，学不会体谅，学不会关心别人。

-4-

找一个能跟你一起吃饭的人在一起，并不是说双方的口味要多么一致，偏好、忌口都要一样。

我喜欢吃麻辣的，就必须找一个喜欢吃麻辣的；我不喜欢吃海鲜，我的另一半也不能吃海鲜。

不是这样的。

而是，不论我们的口味差异有多大，重要的是，通过吃饭这件小事，将对方放在心上。

我关心你、在意你，所以平常就会用心去记住你的偏好和忌口，吃饭的时候点一些你喜欢的，愿意把最好的留给你。

我明白你的好，我知道你将最好的留给了我，我懂得你的良苦用心和浓浓爱意，所以也愿意用其他方式回赠这份爱。

我体谅你，在你忙了一天之后，不舍得对你大声说话，更何况是恶语相向，只想尽自己所能，让你更轻松一些。

第四章 别把生命浪费给不爱你的人

在爱情里，没有人是十全十美的，我们都在爱里慢慢成长，慢慢修行。我们都愿意为了彼此忍让一点点，牺牲一点点，让出那一小步，只为了更好地在一起。

因为跟你在一起，比什么都重要。而通过吃饭这件小事，将对方放在心里，是爱的另一种表达方式。

不是所有的爱都是理所当然

-1-

有一个读者给我留言:"最近有点欠抽。我有一个男朋友,他对我很好,我也很喜欢他。可是我还在跟一个学弟搞暧昧,然后暧昧了一段时间,学弟跟他前女友和好了,然后就不理我了。可我现在才发现,我好像喜欢上了他,最近很难过,我应该怎么办?"

强忍着心中的怒气读完了整段留言,有种深深的无力感。孩子,不作死就不会死。

我把这个问题抛到群里,问问大家的看法,朋友说:"劝她赶

第四章 别把生命浪费给不爱你的人

紧分手吧,放过那个男孩。好好的一个男生,上辈子糟了什么罪,要受到这样的惩罚。"

也有朋友跟我一样无奈:这些孩子,现在不懂得珍惜,以后想哭都没地儿哭去。**真的,有时候,你的不幸真的与别人无关,全都是自找的。**

-2-

之前在一次旅游的时候遇到一个姐姐,长得清秀好看,人也特别温和善良,给人感觉特别亲切,但是在与她交流的过程中总觉得她有些不开心。

后来才知道,她已经结婚好几年了,孩子都可以打酱油了,丈夫对她很好,也很爱她,一家三口其乐融融,羡煞旁人。

可是呢,她总是放不下初恋,老是对以前初恋对她的好、初恋的温柔念念不忘。她也知道已经结婚了,不应该还放不下,可就是忘不掉怎么办?

要是搁一般的情侣,我一定会说:"分分分。"你来问,说明已经有问题了,你心里也有想法了。可是结婚了还有孩子了,这罪过我可不敢担。

我就去请教了小C，小C果断地说："别回她。这种人，你就是让她回到过去，再跟初恋重新开始，她依旧是过不好自己的生活的。"

一个不懂得珍惜当下幸福的人，就算给了他其他选择，他依旧是过不好这一生的。

佛说，人生有八大苦，生苦、老苦、病苦、死苦、爱别离苦、怨憎会苦、求不得苦、五阴炽盛苦。求不得，想要获得一件东西，却得不到。即使第一个愿望可以实现，立马就会生出第二个愿望。

人呀，总是贪心，有句话是这么说的：人心不足蛇吞象。

你给了他一片叶子，他想要你手里的那一棵树；你给了他一袋金子，他想要你点石成金的本领；你给了他稳定幸福的生活，他却惦记着外面的花花草草。

这样的人，不论你给他多少选择，给他多少财富，他都不会满足。因为太过贪婪，心里永远是个无底洞。

而他们，也不会珍惜。看不到自己已经拥有的美好与幸福是多少人求也求不来的，永远惦记着没有得到、未能实现的那部分。

得不到的永远在骚动，被偏爱的有恃无恐。不是所有的爱都是理所当然，这样不懂珍惜的人，迟早会失去那些爱他的人。

多少感情输在了聊天记录上

-1-

小卡在深夜两点的时候,给我发微信。内容不多,就四个字:"姐,睡了吗?"

深夜两点不睡觉,还给我发微信,我猜她肯定是生活中遇到了不顺心的事。

我停下手里写了一半的稿子,急忙回复她:"在呢,没忙。发生什么事了?"

小卡说,她上个月参加社团活动的时候认识了一个男生,现在两个人处于暧昧期,她喜欢对方,但是不知道对方是什么心思。

虽然会每天跟她说早安、晚安,但等她回复之后,那边要隔好久才理她。

每次聊天,小卡总是认真地等着对方的回复,而对方总是聊着聊着就没有然后了,第二天才解释说昨晚太累,后来睡着了。

所以经常是聊天聊到一半对方就消失了,剩下迷茫的小卡独自难过。

小卡说:"姐姐,你说他到底喜欢不喜欢我?"

隔着屏幕我都能感受到她语气里的悲伤与难过。

但我还是说了这样的话:"爱你的人,虽然不会每次都秒回你的信息。但他会用心跟你聊天,因为他需要的是通过聊天这件小事,让你感受到他把你放在心上。所以,那个男生只是在和你玩暧昧。一直纠缠在这样的感情里,最终受伤的那个人还是你。所以我劝你,早点走出来吧。"

-2-

网上有过这样的说法:

喜欢你的人,会对你说"我洗澡去了",之后还会说"我洗完了";不喜欢你的人在说完"我去洗澡"后就像死在浴室里一样。

第四章 别把生命浪费给不爱你的人

喜欢你的人,会对你说"我吃饭去了",之后还会说"我吃完了";不喜欢你的人在说完"我去吃饭"后就像死在餐桌上一样。

喜欢你的人,会对你说"我睡觉去了",之后还会说"我睡醒了";不喜欢你的人在说完"我去睡觉"后就像死在床上一样。

虽然有点恶搞,但戳中了很多人的痛点。

很多时候,通过聊天记录,就可以判断一个人爱不爱你。

小九恋爱的时候,经常会抱着手机,傻乎乎地等待对方回复消息。但是小九的男朋友又是一个超级忙的IT男,不光忙,而且情商也不高。

但就是这种看起来在感情里不怎么占优势的人,却把系花小九追到了手。

他知道小九每晚十点要睡觉,会特意在九点半之前把所有的工作做完或者是暂时收尾,然后刷牙洗脸,把自己收拾得干干净净,调整一个好心情,等一切都收拾好了之后,拿起手机跟小九聊天。

其实聊天也没聊多大的事情,无非你今天去哪里玩了,吃了什么,或者是生活中有没有什么烦恼。

看似简单的小事,却把小九打动了。

因为在乎你,所以我愿意腾出时间,专心跟你聊天。而不是利用夹缝时间,草草说完几句话之后就消失了。因为那是一种陪伴,是爱你的方式。

很多人不在乎聊天,但是情侣之间需要的正是沟通。沟通,不仅是内容上的沟通,更是形式上的在乎。因为在乎你,所以连聊天记录都散发着温暖的感觉。

-3-

判断一个人爱不爱你,看聊天记录就知道。

单方面一个人倾诉,从来没有回应,或只是简单的嗯、啊、哦。

每次你发消息过去,对方总是不能及时回复,事后也不会再回复,就像石沉海底。

聊天聊到一半人就消失了,也没有打招呼。

这些都是不爱的表现。

有人会质疑,通过聊天记录,就能断定一份感情的真假吗?别搞笑了。

可是生活就是从细节中开始的,我们的感情也是从细节中感受温暖的。聊的是家常，可是谈的是感情。

每天在固定时间跟你说晚安，专心跟你聊一聊今天发生的事情，然后等你休息之后，去睡或者继续忙自己的事情。

不一定每次都秒回信息，但是看到了之后会及时回复你。向你解释一下刚刚在忙，没来得及回复，或者是这会儿真的有点忙，晚点再回复你。

不会在跟你聊天的时候，同时跟好几个人说话，有时候聊着聊着都不知道刚跟你讲到哪儿了。

这才是爱你的人跟你聊天的正确方式。

感情不是聊天记录就能决定的事。但是人们在意的是，通过聊天这件小事，能够感受到对方把自己放在心上。

因为在乎你，所以愿意花时间陪你、了解你，一起度过那些有用或者无用的小时光。聊的是天，但是爱的是你这个人。

我们已经过了耳听爱情的年纪

-1-

自从在自媒体平台写文章,我在后台经常会收到读者的来信,其中绝大部分是情感咨询。我并非想做别人的人生导师,因为我知道,我既没那个资历,也没那个水平。

只是看着那些跟我差不多年纪的姑娘被困在爱情的泥潭里,死死走不出来,她们难过,我也心疼。

可能真的是当局者迷,旁观者清吧。很多时候,我们都被短暂的爱情和一时的幸福冲昏了头脑,以至于感情中有那么大的一个bug(漏洞),我们都看不到。

第四章　别把生命浪费给不爱你的人

其实，我们不是看不到，而是太喜欢自欺欺人。我们宁愿虚假地幸福着，也不愿去面对残忍的现实。

丽丽在后台给我留言说，她跟男朋友认识七年了，他们一起度过了大学四年、毕业三年。她这一生最美好的青春都是和这个男生一起度过的。他给了她七年的陪伴，留给了她最美好的回忆。

可是，快到谈婚论嫁的时候，她忽然慌了，她不知道这个日夜守护她的枕边人是不是她的 Mr.Right，她忽然对他们的未来没有了信心。

-2-

丽丽的男朋友是一个阳光开朗、热爱运动的大男孩。他每天晚上会给丽丽发短信说晚安，会跟丽丽煲电话粥说很多情话，会在出去玩的时候帮丽丽带很多可爱的小礼物。

丽丽买了新裙子，他会变着法子夸丽丽漂亮。看电影的时候，他会贴心地买一杯丽丽喜欢的温度刚好的奶茶，递到丽丽手里。他会忽然从背后出现，捧一大束玫瑰花蹦到丽丽面前，笑容纯真灿烂，跟三月的阳光一样。

他告诉丽丽，等他们结婚的时候，婚礼要怎么布置，要请哪些客人，要请谁做伴娘、伴郎。

那个时候，丽丽真的觉得自己是天底下最幸福的女人，找到了一个这么爱她、这么关心她的男人，以后他们一定会很幸福。

事情的转折是什么呢？

丽丽每天都顶着巨大的工作压力，还要想方设法地跟上级搞好关系，真的很累。有一天晚上，她加完班，穿着五厘米的高跟鞋，在公交车上站了一个多小时才回到家，一进家门就感到身心俱疲。

这时候她却发现家里乱糟糟的，门口的鞋子摆得凌乱，沙发垫在地上横躺着，茶几上是没有收拾的瓜子壳。她的男朋友在房间里兴高采烈地敲击着键盘，喊着："打这边啊。"

这可能只是生活中的一件小事，却像压死骆驼的最后一根稻草。丽丽坐在地上，开始细细回想他们这几年的点点滴滴。

丽丽租的房子在他男朋友公司旁，却离她的公司有一个小时车程。丽丽每天要提前两个小时起床，做好早餐，然后乘公交车上班。而她男朋友可以睡个饱觉，起来吃现成的早点，再慢悠悠

第四章　别把生命浪费给不爱你的人

地去上班。

晚上加班加到十一点的时候，丽丽一个人回家，坐在空空荡荡的公交车里，一不小心就睡过站了。一觉醒来，看着周围陌生的环境，自己都不知道在哪儿。

就连下雨天，挤不上公交车也打不到出租车的时候，她男朋友也没有接过她。她很懂事，不会提出"过分"的要求。他也很有默契，你不提，我便不说。

丽丽发烧打吊针的时候，他在公司里加班，打电话说："亲爱的，对不起，我不能陪在你身边，你要照顾好自己。"

丽丽跟同事闹别扭，不想去上班的时候，他男朋友摸摸她的头，说："乖，别赌气。"

丽丽说："我知道我找了个大男孩，我也愿意陪他一起成长。可是，这么多年过去了，他还是老样子。我忽然觉得好累，我不想我结婚后的生活还是这么累。"

我想找一个在难过时可以依靠、可以给我帮助的人，而不是嘴上说说的爱情。

-3-

郑海潮说:"如果一个人爱你,请等到他对你百般照顾时再相信。如果他答应带你去旅行,等他订好了机票再开心。如果他说要娶你,等他买好戒指跪在你面前再感动。"

感情不是说说而已,我们已经过了耳听爱情的年纪。

金星有一段话,说得特别棒:

如果一个男人心疼你挤公交,埋怨你不按时吃饭,一直提醒你少喝酒伤身体,阴雨天嘱咐你下班回家注意安全,生病时发搞笑短信哄你……请不要理他!

然后跟那个上班时开车送你,生病时陪你,吃饭时带你,下班时接你,跟你说"什么破工作,别干了!跟我回家"的人在一起……

嘴上说得再好,不如干一件实事!

玉米姐之前认识一个网友,因为是朋友介绍的就放心地加了微信。那个网友每天都给玉米姐发微信,问"你在干吗","你在忙什么","今天去哪里玩"。

第三天他就对玉米姐说:"我发现我爱上你了。"玉米姐客气地回了一句："孩子，撩妹要走心啊。"然后，这个网友每天都会给玉米姐发早安、晚安，说各种情话，忧伤的，倾慕的，甚至还问玉米姐要照片。玉米姐回了一句："你都二十八岁了，还不懂得怎样走心地追女生吗？"

玉米姐说："要是搁在三年前，我还在上学的时候，我一定会被他的情话感动得一塌糊涂，有可能会因为他的甜言蜜语而坠入爱河。

"可是，现在不会了。有过这三年的经历，我不仅仅在年龄上有所增长，我还开始真正明白，要看一个人是不是真的爱你，看他对你做了什么，而不是说了什么。"

情话我们每个人都会讲，嘴巴一张一合，完全不用负责任。而那些肯费心费力去为你着想、帮你安排好一切的，才是真的把你放在心里的人。

以前看《情深深雨蒙蒙》，被书桓和依萍之间轰轰烈烈的爱情感动得一塌糊涂，一直期待拥有这样的爱情。长大了之后，我反而更羡慕杜飞对如萍的不离不弃，不曾说过什么情话，却把什么都做了。

我不想用尽全身力气，去赌一场不知道结果的爱情。我只是希望，有个人一直默默陪着我，鼓励我，我们一起携手走下去。

两个人在一起，谁都不是冲着分手、冲着离婚去的，我们都希望陪伴对方一起走下去。所以，如果你是真的爱一个人，请你用具体行动来表现，而不是嘴上说说而已。

而我们的傻姑娘，也别因为男人的一句"我爱你"，就兴奋得睡不着觉了。我们都已过了耳听爱情的年纪，总有一天，你会发现，你不需要轰轰烈烈的爱情。

毕业季，能不能不分手

都说毕业季即分手季，虽然很多人会不认可这个观点，可是现实总是那样残酷，很多人的爱情都是死在了毕业季。毕业就像一个魔咒，仿佛无论我们再怎么相爱，都无法迈过那个坎。

《致青春》里，郑薇哭着跟陈孝正说："你的未来里从来就没有过我。"陈孝正不爱郑薇吗？他曾为她手工做好礼物，偷偷放在自己的口袋里，想给她却又不敢给。

《同桌的你》里，在婚礼上，周小栀穿着平底鞋，幻想着林一带她来一次轰轰烈烈的逃婚，就像当年他带她逃离"非典"隔离一样，他们为了在一起曾拼尽全力。可是，婚礼司仪的声音打断了她的幻想，她的面前是另外一个人，而林一只是静静坐在下面祝福着她。她的一切期待终究只是幻想。

我们都笑着说："国产青春剧好像都是同一种套路，在校园里甜甜蜜蜜，一旦毕了业，就各奔东西，一个个都没了踪影。"

年少的时候，我怎么都不肯相信：你喜欢的人、你爱的人、最后和你在一起的人一般都不是同一个人。我无法理解，为什么两个人相爱却不能在一起呢？直到身边分分合合的故事越来越多，我才不得不重新思考这个问题。

身边有很多情侣，在大学时都如胶似漆、彼此相爱，天天说着肉麻的情话，晚上有煲不完的电话粥，节假日有送不完的礼物、收到手软的玫瑰花。我们畅谈着未来的梦想，我们计划着我们以后的小窝是什么样，我们甚至想着一毕业就领证，然后把毕业证和结婚证一起晒到朋友圈，闪瞎他们的眼睛。

可是，毕业后，我们不断争吵，不断埋怨彼此，再也不能体谅对方。我们依然爱着彼此，可是，我们的爱情还是走到了尽头。

毕业季，怎么就成了分手季呢？

首先，彼此爱得不够深。

大学里的爱情简单而美好。你每天晚上送我回寝室，陪我一起吃饭，送我节日礼物，带我出去玩。我轻轻依偎在你身旁，小鸟依人，送你我亲手织的手套，每天跟你腻在一起。

那个时候的爱情，基本是不用付出太多的。但是毕业之后，你就会发现：你身边的这个人，他跟你共度一生的想法似乎并没有那么坚定。

他爱你没有爱到为了你而放弃家里优渥的条件，来到你居住的城市发展；他也没有爱到为了你跟他的父母据理力争，努力说服他们接受平凡到不起眼的你；他没有爱到在二十出头，就将你放到他的人生规划里。他的真实想法是，有你更好，没你也无所谓。

很多时候，我们抱怨现实残酷，说什么性格不合，其实真实的原因是大部分情侣的相爱程度，还没有到讨论现实的程度。

因为没有那么相爱，所以一丁点儿障碍在我们眼里都是过不去的大山；因为没那么相爱，所以对方的一点儿瑕疵你都不能接受。说什么性格不合，只不过是不愿为对方做出改变。

其次，现实条件太残酷。

很多毕业生选择北漂，或者是在上海发展。虽然苦，但是提升空间大，机遇也多。

大部分毕业生都是得靠自己的努力挣钱养家的普通人。毕业后的一两年，确实太煎熬了。巨大的工作压力，负担不起的生活成本，压得我们喘不过气来。毕业生的努力，在飞涨不停的房价面前，就好像一个笑话。

我们不敢乱花钱，不敢出去吃饭。在租来的房间里自己烧菜做饭，就连买优衣库的衣服，我们都要犹豫再三。他不能陪你去看电影了，你下班一个人回家的时候，他放心不下，却不能去接你，因为他要加班。

我们常常笑着安慰彼此：再撑撑就过去了。可是，我们都被现实摧残得疲惫不堪，落在彼此眼里的都是最落魄的样子。

温饱问题都解决不了，哪还有那么多精力去顾及爱情？不是不爱，是生活真的太累，我没有能力再爱你了。

再者，无法忽视的家庭条件。

都说结婚不是两个人的事情，而是两个家庭的事情，并非没有道理。

大学时相恋，我们生活在同一所校园里，每天一起上自习，一起吃晚饭，我们有充足的条件对对方好，享受这段感情。

可是，毕业后，你家在北方，我家在南方，我们之间相距甚远。你我都是独生子女，谁能为了爱情，自私地抛弃自己的父母？

虽说交通发达，乘飞机只要一两个小时就能回家看父母。可是，真要是有什么事，火箭都来不及，有时候就是几分钟，却造成了终生的遗憾。

而且，哪个父母不希望可以时常看见儿女。我们也想陪在父母旁边，照顾他们，陪他们一起说说话，而不是只有逢年过节的时候才能见到他们。

我们深爱着彼此，可是我们都还有需要照顾的父母。

还有，女人比男人更早一点儿成熟。

科学研究发现，女生的心理年龄，往往比同龄的男生大三至七岁不等，比他们略微早熟一点儿。

所以面对琐碎繁杂的事情，女生会更懂得如何操持生活，即使处于最落魄的境遇，住在最廉价的出租屋，也能把生活过成自己想要的样子。

刚毕业遇到困难的时候，女生总能从更长远的角度去分析问题。而大多数男生还得再过几年才能成熟起来，心理年龄较同龄异性偏小，略显幼稚。

所以，身边这个大男孩经常会让她感觉很累、很疲惫。不仅如此，他还贪玩不顾家，让她感到深深的无力，看不到生活的希望。

只有更成熟、体贴，更懂得人情世故的男生，才会给女生想要的安全感，给她一个想歇息的港湾，给她被呵护、被疼爱的感觉。

最后，毕业之后一个人真正的样子才会显露出来。

相对于社会，大学生活真的太单纯、太美好。简单的陪伴和相处，我们可能并不能彻底了解一个人的真正模样。

毕业之后，面对一而再，再而三的挫折，他是选择继续坚持，与生活死扛，还是选择逃避，一个人窝在房间里夜以继日的打游戏，等着你养他？不仅如此，他会不会为自己的懦弱找借口，说什么怀才不遇？

真的出了什么事的时候，他是选择承担起责任，勇敢面对，还是选择装聋作哑，事不关己，高高挂起？如果他是后者，那你是无法与他共度一生的。这些，都是要毕业后遇到很多事才能真正显示出来。

在校园里，大家都单纯青涩，你永远都不知道对方的内心是什么样子。而毕业后，社会的大染缸会让你真正彻底地认识一个人，到那时你才能判断他是否真的是与你相伴一生的那个人。

分析到这里，我也只是在抛砖引玉，有很多不足。现实虽残酷，但还是希望大家能熬过毕业季，有情人终成眷属。

找一个愿意为你变成熟的男人在一起

—1—

周末跟闺蜜一起吃晚饭,她的手机一直在响,她却不接。我们几个朋友实在看不下去了,就问:"怎么了,吵架了吗?还是他又惹你生气了?"

不问还好,这一问她就开始向我们吐槽,数落了男朋友的各种不是,简直是"男朋友的十大罪状",但总结出来就一点:男朋友太幼稚。

我们听完就笑了,闺蜜生气地瞪着我们:"你们什么态度,不应该安慰我吗?"

我笑着说:"男朋友幼稚没关系,重要的是,他愿意为你变成熟。"

她的男朋友我们都见过,恋爱期间,他们在各大社交平台狂秀恩爱,仿佛想要全世界都知道他们在一起了。

他们恋爱不到一个月,她的男朋友就要带她去见他的朋友们,还要请我们几个闺蜜吃饭。

闺蜜的男朋友是真心爱她,但是可能是因为年龄比她小吧,有时候表达方式比较幼稚,也不懂得如何哄女生。

很多时候由于说话不注意分寸和表达方式不对,也不懂得女生的真正需求,经常惹闺蜜生气,他还一副无辜的样子,不知道怎么哄。

一个比我们大几岁的朋友说:"男生幼稚没关系,重要的是他愿意为你变成熟,愿意去做你坚实的后盾。"

-2-

去年参加一个学长的婚礼,被他们感动得一塌糊涂。

学长谦谦君子、温润如玉,学姐温柔大方、端庄贤淑,羡煞旁人。整个婚礼的过程中,学长的目光都没离开学姐,一直深情款款地看着她。

当我们谈及他们的交往过程时,学姐笑着说:"那个时候的他,哪像现在这么成熟礼貌,幼稚得像个孩子。下雨天不知道给我送伞,觉得我打车回来更方便;我生理期的时候不懂得心疼我,还在一边打游戏;我生气了也不知道哄我,就在那儿瞎琢磨我怎么又生气了。"

学姐一口气讲了学长很多幼稚的表现,学长不好意思地挠挠头。她继续说道:"我那个时候也是脾气好,就耐着性子跟他沟通,提出了两个人之间相处的问题。"

学长也是个一点就通的人,最重要的是他喜欢学姐,愿意为她去变得成熟。所以在后来的日子里也慢慢改变了以前的做法,甚至还跟比自己大几岁的同事请教,希望变得更加成熟一些。

后来学长不仅在生活上对学姐无微不至、体贴照顾,足以让学姐依靠,在工作上,每次学姐遇到什么问题,他也会适当安慰,缓解学姐的压力,时常说:"要当她最坚强的后盾。"

因为爱你,所以愿意为你变得成熟,想成为你坚强的依靠。

第四章 别把生命浪费给不爱你的人

-3-

女生聊天的时候,都说要找一位成熟的大叔当男朋友。可能是觉得同龄的男生太幼稚,总是惹她们生气。而成熟的男人能捕捉到她们的每一个小情绪,温柔体贴又靠谱。

还有一个方面就是女生不论是在身体上还是在心理上,都比同龄的男生成熟得早一点儿。

男生喜欢用欺负对方的方式表达自己的喜欢,女生喜欢默默地为对方带早餐。女生拼搏累了,想要依靠和安慰时,男生还不知道未来在哪里,所以很多女生宁愿找一个大叔谈恋爱。

可是,她们可能忘了,每一个成熟的大叔都是从幼稚的男生变的。只是因为一个人,慢慢学会了成熟。在他心里永远都留有那个女生的烙印。

所以,找一个愿意为你变得成熟的人在一起吧。

因为爱你,所以愿意照顾你的感受,愿意理解你的所作所为,并和你沟通爱的表达方式。

因为爱你,所以想要成为你的依靠,成为你疲惫的时的归巢,想要和你有一个共同的未来。

　　因为爱你,所以愿意为你去做出一些改变,变得更加细心稳重、暖心体贴,变得更加成熟。

　　找一个愿意为你变得成熟的男人,你也愿意为他变得更加温柔体贴,彼此相爱的人互相影响,朝着一个未来共同努力,该是多么美好的一件事情。更重要的是,这样的人,会让你看到未来生活的光,不会觉得生活那么枯燥无趣。

　　找一个愿意为你变成熟的男人在一起,一起过美好的小日子。

第五章

理想的人生，
是不被生活掌控

高手从来都不怕与众不同。

既有爱的能力，又有爱的底气

-1-

"我们都需要勇气，去面对流言蜚语。"

周六晚上，我跟往常一样跟我妈妈通了电话，讲了讲最近都干了什么，又去哪里玩了，发生什么有趣的事情了，等等。

中间忽然停顿了一下，妈妈稍微犹豫了一下，说道："娇娇明天举办婚礼，你知道吗？"

娇娇是我的一个堂妹，比我小三岁。

"啊？这么快就结婚啦，不是前两个月刚订婚吗？"我有点惊讶，这速度也太快了些吧。过年一起打麻将时还没听说她有男朋

第五章 理想的人生，是不被生活掌控

友呀，死丫头，藏得可真深。"

"是啊，你明天跟娇娇打电话，让她男朋友给你发个微信红包沾沾喜气呗。"我妈妈最近刚学会用微信，知道微信红包是个好东西，玩得不亦乐乎。

"妈，你可真会开玩笑，我当姐的，去问自己的堂妹夫要红包，我这老脸还要不要了？"我笑着跟她打趣。

"你还知道你是姐姐呀？"我妈妈话锋一转，"你看你，几个妹妹都结婚了，你当姐姐的，现在连男朋友的影子都没看到。你的工作也别做了，赶紧回西安来，我让你小姨给你介绍个对象。"

当时我就懵了，好好地怎么聊到我找对象上去了呢？我就想回一句："人跟人之间能不能多一点儿真诚，少一点儿套路。"想一想，还是忍住了。

我表妹结婚了，我没对象。

我堂妹订婚了，我依然没对象。

我堂妹要结婚了，我还是没对象。

最近听说，我表妹要离婚了，我依然还是可怜的"单身狗"。

我知道，我妈关心我，担心我一个人在外面受委屈，担心我一个人吃不好，穿不暖，照顾不了自己，心疼我一个人打拼太辛

苦。我理解我妈的心情,她爱我,才会以她的方式对我好。

可是,我还是想告诉我妈:"我苦不苦、累不累、过得好不好跟有没有男朋友这件事没有任何关系。"

没有男朋友,我一个人照样可以吃得好,穿得暖,工作日白天上班,晚上看书写字,周末约几个好友出去K歌、逛街,去看看哪儿又开了新的甜品店,节假日找个山清水秀的地方好好感受一下大自然的气息。我过得要多潇洒有多潇洒,这样不是很好吗?

对,有了男朋友我可能会多一丝丝安全感,出去玩的时候再也不用一个人报团,住酒店的时候不会再三确认安全锁锁好了没,难过的时候会有个依靠,拧不开罐头盖子的时候不会跟罐头瓶子大眼瞪小眼。

可是,你要承认,并不是所有的情侣在一起都会幸福,也有很多的情侣在一起三天一小吵,五天一大吵,从最开始的一见倾心,到最后的怒目而视,直到两个人都耗尽了耐心,然后老死不相往来。这样的事情也不少。

好的爱情可以让你感到温暖,透过它,你可以看到整个世界,你们可以一起成长,一起变得更美好。坏的爱情,只会让你更难

第五章 理想的人生，是不被生活掌控

过、更自卑，可能让你因此对爱情失望，甚至对人生产生怀疑。

在遇到好的爱情之前，我宁愿保持单身。更矫情一点儿地说：在遇到对的人之前，我不将就。

-2-

可能从毕业的时候起吧，家里人就开始各种暗示："哎，你该找对象了。"再过两年，七大姑八大姨又开始了："哎，你再不找对象好男人就会被抢光了。"再过两年，二十七八岁的时候，很多人看见你都会戴有色眼镜："这女的年纪这么大了，还没嫁出去，不会是有什么问题吧？哎，那谁谁刚离婚，可以给他们牵个线，又可以拿喜钱了，嘻嘻。"

最近在简书上看到一篇文章，中间有一句话是这么说的："**最好的教养，是不要多管闲事。**"

我真的想给作者一个大大的赞，给他101分，多一分让他骄傲。

真是的，我没对象碍着你什么事了？是吃你家粮食了，还是喝你家白开水了？我二十七八岁，还没对象，就活该被别人议论，被别人指指点点吗？我二十七八岁，还没对象，是不是就拉低社会的平均智商值了呢?

　　我一直觉得,有没有男朋友只是一种生活状态,只是一种生活方式。我们是成年人,我们都有选择的权利,我们可以选择我们的生活方式,并为它承担起责任。

　　即使没有男朋友,我也可以像其他人一样快乐地生活。这样不就够了吗?

-3-

　　我身边也有一些姑娘,因为到了适婚年龄还没有对象,本来自己不甚在意,结果亲戚朋友整天在耳边吹风,最后搞得自己都觉得,这么大年龄了,有人收就不错了。

　　姑娘,你爸妈辛辛苦苦养你不是为了让你随便找一个人凑合着,为了他放弃自己的生活。

　　姑娘,你从小到大受了那么多委屈,跌跌撞撞才成长为现在的模样,不是为了最后给人洗衣、做饭、看孩子的。

　　一档比较有名的相亲节目上,一个很优秀的姑娘说:"如果遇见了心爱的人,我愿意为了他放弃一切。"

第五章 理想的人生，是不被生活掌控

嘉宾当时就纠正她："如果你遇见的是对的人，他是不会让你为了他放弃一切的。他可能不喜欢你创业，不喜欢你那么辛苦，但是他会理解你，尊重你的事业和生活方式。你们为了彼此慢慢磨合、改变，找出最适合你们的相处之道。这才是对的爱情。"

所以，当我们还没遇见对的人时，不要那么心急，因为他有可能也在前面某个地方很着急地等你。可是，你把时间都浪费在了不合适的人身上，你的Mr.Right怎么有机会遇到你呢？

铁凝曾经评论华生："这个人就是我要找的，是我要一生与他相依为命的男人。"

铁凝说："一个人在等，一个人也没找，就是我跟华生这些年的状态。我说对爱情要有耐心，当然期望值不必过高，但不要让希望消失。我想是这样，永远不要放弃自己的希望。"

-4-

但是，我所说的等，并不是让你一天什么事都不干，吃了睡，睡了吃，邋里邋遢抱着零食看着韩剧，还问我："我命中注定的那个人怎么还没出现呢？"

女生总得活得漂亮，不是为了心爱的人，而是为了自己。谁不喜欢美好的事物呢？

将有限的精力放在投资自己上，你才会一直增值。

找出自己最感兴趣的事情，将它做到极致。或者是，认真去对待自己的工作、对待自己的事业，培养自己专注于做某件事的能力。

朝九晚五的工作，你就认真做，平衡好与同事之间的关系，与上司搞好关系，有着出色的业务水平。

你说，你想做自由撰稿人，那就买几十本名著回来好好看看，一天写一篇文章，写几年不信你没什么成就。

创业者就去多取取经，多多学习，找到一切机遇，并抓住它。

全职太太，就好好搞好家里关系，好好培养小孩，让丈夫毫无后顾之忧地打拼，有空去赚点外快也不错，毕竟现在网络这么发达，很多兼职也是可以在家里做的。

可以做的事情那么多，你总得有一项可以拿得出手呀。

我是鼓励女生们都去努力赚钱的，但不是拜金哦。努力去赚钱，才会有生活的重心，才不会把精力浪费在一些无谓的自怨自艾上，才不会整天感叹自己好忧伤、好迷茫。

经济基础决定上层建筑，努力去赚钱，你才有资本去做很多事情，去发掘更多的兴趣爱好和生命的无限可能性。

那样，你才会有自信、有底气地活得漂亮。

另外，要多培养自己的爱好，并多多尝试。去旅游，去学跳舞、学吉他、学插花、学绘画。这些东西不仅会提升你的气质，还会让你发现这个世界的多样性和美好。

最后，强调一点，要多看书。前人用了很多精力，将自己的生活经历、感悟与经验分享出来。我们只要花短短的几天，就可以迅速获得这些道理，这得少走多少弯路呀。

书中自有黄金屋，书中自有颜如玉。这句话绝对是有道理的，看的书多了，知道的故事多了，你才会发现，哦，原来事情可以这样解决。或者是，原来我所困惑的，别人千百年前就经历过了。

想尽一切办法，去努力，去提升自己，让自己变得更美。那样，你才有底气，一直等下去。

还有，不要给自己的人生设定限制、设定障碍。放手去做吧，去看看尽全力之后，自己的人生到底可以成为什么样。

趁早把生活折腾得与众不同

接受了人生的残酷，依然心存美好

— 1 —

下班的时候，跟几个同事约了去附近小镇上一起吃饭。

毕业的时候，我来到了江南水乡的一个小镇工作，不是大家想象中的那种山清水秀的小镇，是那种最普通、最常见的小镇。

整个小镇最发达的地方也就是被红绿灯分割开的一个十字路口而已，有几家稍微干净的饭馆，有两家东西稍微齐全的超市，超市门口每天用大喇叭喊着"葡萄六元八角一斤，西瓜一元一斤"，马路旁边是一些乱七八糟的水果摊和烧烤摊，稍微空一点儿的地方，晚上大妈们会出来听着音乐跳广场舞。

第五章 理想的人生，是不被生活掌控

土生土长的北方女汉子，忽然到了江南水乡，怎样也吃不习惯清淡没味的菜肴和各种不知名的海鲜，再加上工业园区唯一的食堂的厨艺，真的是让人难以下咽，刚来一个月，我瘦了十斤。

所以，每天最开心、最有盼头的事情，就是下了班能去镇上"好好"吃一顿，犒劳一下自己的胃。

最喜欢吃小螺蛳，个头比较小，所以里面的脏东西就比较少，肉也好吃，而且，味道也特别棒，每次加辣加麻，就再好不过了。

吃完饭，走在回去的一条小路上，空荡荡的街道，前面的红绿灯闪个不停，旁边偶尔驶过去一两辆小电瓶车，看着两边破败的建筑，忽然就有点发愣："我居然就在这样的一个偏僻的小镇生活了整整一年，以后还不知道要待多久。"

每天过着一成不变的朝九晚五的生活，看着看腻了的美景。

-2-

上大学的时候，我们每天上完课，就背着书包，拎着小水杯，坐在图书馆里，旁边是波光粼粼的湖水，前方是埋头用功的同学，我们仔细翻看着手里的课本，在面前的草稿本上画画写写，在知识的海洋里叱咤威武。考试周，几门考试一起压过来的时候，来不及吃饭，就买一桶泡面，几个人坐在图书馆旁的小超市面前，傻呵呵地笑着。

我们在学生会或者社团里认真组织着活动，从一个什么都不懂，只能帮忙扛桌子、扛板凳的人，慢慢修炼成站在讲台上，规划着社团的未来，指挥别人搬桌子、搬板凳的人。我们为了一个项目，起早贪黑地查资料、做功课，跑很远的地方，浪费几个小时去拉赞助、做宣传。

学校的创业大赛，我们和其他学院的朋友组团参赛，从一开始的一头雾水，只能翻看上一届的获奖作品，到有了自己的创意，有了自己的思路。我们厚着脸皮去老师那里求各种指导意见，为了一个数字熬夜修改方案，直到比赛的前一天还在想，上场可能被问到哪些问题。

毕业时，我们拿着自己的简历和厚厚的获奖证书穿梭于各个大学的宣讲会，看着手里一沓厚厚的简历，最后就剩下了薄薄的几页。面对面试官的问题，我们熟练地回答着，当讲到对于未来的规划时，我们总是自信地说着三年以后计划怎样，五年以后计划怎样。

我们以为，未来就在我们手里，只要我们努力，只要我们想做，一切都不是问题。

我们以为，我们已经足够优秀、足够努力，迈出校门的前途是一片光明，前方有更美好的未来在向我们挥手。

我们以为，终于可以甩开那么普通的自己，去追寻不一样的生活。

-3-

小的时候，我们总想长大，总想摆脱那么弱小无力的自己，想快快长大，变成了大人，就可以做自己想做的事情了。可是长大了之后，才知道，这世间还有很多事是我们所不知道的，是我们所办不到的。

小时候，父母送给我们一件心仪的生日礼物，我们都会开心得恨不得蹦到天上去。长大了之后，我们想要什么，自己都不知道。

我们看着飞涨的房价，想了想自己银行卡里的数字，算了算自己的工资，默默地叹了口气。我们踩着五厘米的高跟鞋，挤在摇摇晃晃的公交车上，看着外面的小轿车，默默转过了头。我们每天早上起来，就要想着今天要完成什么工作，领导又交代了什么。

我们不是不够努力，我们也没有放弃奋斗。

我们仍然热爱着生活，仍然对未来心存期待。

可是，我们已经明白，在巨大的现实落差面前，我们有多渺小，有多无能为力。即使我们用正确的方法，拼尽全力，也未必能得到自己想要的结果。

我们开始承认有一种东西叫作现实。

–4–

电视剧和电影里，主人公无论是受了伤还是出了车祸，或者是从悬崖上掉下去，都不会死。主人公无论做什么事情身边都会有好朋友陪着，都会有贵人相助，无论中间经历了多少坎坷，都会完成最初的梦想。

在糟糕的生活面前，主人公总会用自己独有的乐观和超常的运气，完成一系列逆袭，最终迎娶"白富美"或者嫁给"高富帅"，走向完美人生。

这样的故事看多了，总会给人一种错觉：我周围的生活是以我为中心的，我是自己小圈子里的主角，我终有一天，会历经坎坷，会通过自己的努力和奋斗，将生活过成我想要的样子我会在事业上有所成就，我会在生活上快乐自在，我会有一个爱我的人、一个知心朋友。

可是，等你慢慢长大了之后，你开始发现：你仍旧在努力，你仍旧在奋斗，可是，有些东西跟你想象中不太一样。

你没有成为生活的主角，没有成为那个万众瞩目的人，可能过了那么久依然是一个角落里不知名的小角色。

你没有成为小时候心里想的科学家，你也没能成为可以拯救地球、改变世界历史的人。你没有在某一行业做出大的贡献，你在自己的事业生涯中也没有多大的进步。你没有娶到那个想拼尽全力对她好的那个人，你也没能好好照顾家人。

你没有做自己想做的事情，你也没有过上自己想过的生活。

所有的故事，所有的书籍，都在告诉我们那些名人的一生是怎样努力、怎样奋斗的，却没人告诉我们，我们终其一生，努力奋斗，也可能只能成为一个普通人。

-5-

当然，成为普通人并不是一件丢人的事情，毕竟，这世上有千千万万的普通人。

也并不是说，我们努力奋斗之后，依旧是个普通人，我们就直接放弃算了。

我们慢慢长大，开始意识到这个问题，也逐渐承认、接受这个事实。

我们开始懂得：我们只是一个普通人，我们并没有电视剧里的主角光环，我们的奋斗努力有可能并不能完全改变我们的人生，但是，我们依然选择在认清事实真相后，沉默前行。

即使是普通人，也要通过普通人的方法、普通人的努力，将自己的生活过得更好一点儿，给自己多一点儿选择的权利，给家人多一点儿安全感。

就算是普通人，也要在平凡的生活里找出自己独特的意义，去发掘一些有趣的事情，让简单的生活过得有滋有味。

成为一个普通人，依旧热爱生活，依旧对未来充满期待，依旧在自己的小生活里，想方设法过得开心快乐。说不定哪一天幸运女神就挑中你了呢？

成为一个普通人，何其平凡，又何其幸运。

你看到的光芒万丈，都是水滴石穿的努力

$-1-$

最近被邀请加了几个群，群里有一些在写作界小有名气的人物。有公众号粉丝十几万的大神，也有很短时间就签约了的简书作者，看着他们的文章阅读量以及行云流水的文笔，实在羡慕和敬仰。再看看自己写的，话都说不清楚，一下子就没底气了。

其实我也知道，写作从来都不是一日成名的事情，我只看到了他们的光芒万丈，却无法体会到他们日日更新的辛苦。

每天为了一个话题想破脑袋，有时候半夜想到一个点子都要起床拿笔把它记下来。每天早起一个小时坐在电脑前敲字，没有

思路也得逼着自己写。晚上吃完晚饭散完步，乖乖回来看书充电。节假日出门旅游，都要带上电脑，因为三天的假日，你要是不坚持，足以让你前一段时间的努力全部废掉。

灵感这东西不是随时出现的，作家不能等有了灵感才去写作。万一你几十年没有灵感呢，你就不写啦？

你所看到的别人现在的光芒万丈，都是厚积薄发、水滴石穿的努力，而非一日的成就。

-2-

我大学一个舍友，她走的是中性路线，人长得十分清秀，一头短发，身高比我高三厘米。真的是超级帅！

关键是她还酷爱打篮球，一阵风似的连拍带跑把篮球从你面前带过，然后一跃而起，准准地扔进筐里。篮球场上的她，魅力无限，不仅让男生折服，也让很多小女生尖叫。

学校每年三月份的校运动会，她都是我们学院的主角，走哪儿都能听到："你看，那就是我们学院的某某某，可厉害了。"

100米短跑结束，她轻轻松松拿了冠军，回来就跟我们说："哎呀，这次给学院挣了几个学分，有奖金，可以请吃你们好吃的了。"

第五章　理想的人生，是不被生活掌控

下午三级跳，她又拿了个亚军，回来跟我们显摆她的银牌。一沓证书、一排奖牌放在她床上，真是让人羡慕嫉妒恨。

我很羡慕她的荣誉和名声，但是，我也知道她为这一切所付出的努力。

篮球比赛的前两个月，身为队长的她就要开始选拔参赛人员，每晚去篮球场练习。我们在宿舍看电影、嗑瓜子，而她正在篮球场上奔跑流汗，我们要熄灯睡觉了，她才匆匆忙忙赶回来打水去洗。

打篮球总有磕磕碰碰的时候。记得她第一次不小心手指错位的时候，我们都吓坏了。她用衣服裹着手指，眉头紧皱，默默无言，脸上掩盖不住疼痛的表情，让我们既心疼又无可奈何。

第二次她因为打篮球手指错位的时候，我们都有经验了："哎，你又错位了呀，让我先拍个照发朋友圈。"

校运动会前两个月，辅导员就给她强制安排了项目，没办法，能者多劳，为学院争光嘛。早上跑完一百米预赛，下午跑决赛，跑完决赛就去三级跳。第二天一大清早就去跑学院接力。

那几天，她整个人都虚脱了，脸色苍白，说话有气无力，一

跑完就回来换了衣服,给腿上喷云南白药,喝葡萄糖,睡一觉起来继续。

我们能看到的只是她在篮球场上的意气风发,是她所获得的荣耀与掌声。而她为之付出的汗水和辛苦,只能留给她自己体会。

没有人能随随便便成功,你所看到的,从来都是成功之后,别人想给你看的。

-3-

四月份的时候,学财务的小伙伴又要报注册会计师了。在我们还要纠结报哪一门更容易过的时候,以前大学里同专业的一位小伙伴早已经一次性过了四门,去会计师事务所工作了。

小伙伴们纷纷向她取经:"你一次就过了四门,好羡慕。""你有报班吗,你看课本了吗?""你什么时候开始复习的,复习了多久?"

她就在电脑那边,接受着大家的羡慕和崇拜,苦涩地笑着。

她从大二起就立志要考注册会计师。在其他同学看电影,逛街吃饭的时候,她已经开始默默地拿着书去自习室了。

这一坚持,就是三年。

三年里,她不知放弃了多少吃喝玩乐的聚会,牺牲了多少休息聊天的机会,一个人默默地在自习室与习题册为友。

我考研前的一段时间在路上碰到她,她正背着书包,拿着水杯去图书馆。原本面容姣好、清秀俊丽的她,因为长久坐在自习室,缺乏运动也缺乏休息,整个人看起来毫无生气,头发有一丝乱,整个人看起来也有点浮肿,说话语气也轻飘飘的。

她说:"考研的马上就要解放了,找工作的也很快就有了归宿,就我一个人,还得孤军奋战,还得再撑十个月。"

毕业之后,我和她断了联系。等到十月份的时候,才听说她那一次过了四门,成了我们心目中的"女神"。

是啊,"女神"理所应当地接受大家的羡慕和崇拜,因为"女神"为了目标,努力到疯狂的样子,又有几个人看到过呢?

-4-

我们总是羡慕他人的荣耀与光环,看到他们的成就,崇拜之情犹如滔滔江水,汹涌而至。

我们总是错误地以为,别人的成功是偶然的机遇,是一时的努力,是上天的垂怜。

我们总以为,别人的成功是唾手可得、轻而易举的。

我们总幻想,别人的成功是可以复制的,我们也可以像他们一样,短时间内达到那样的高度。

我们总是容易被眼前的表象所迷惑,我们只愿意看到我们先看到的,而他们背后所经历的,不好意思,我们不感兴趣。

我只想知道他们是如何成功的。

可是,你不知道,你所看到的他们现在的成功,都是过去一点点的付出与努力,数年如一日艰难地坚持下来的。

-5-

演讲台上的舌灿莲花,是多少次磕磕巴巴才练成的。

每次都承包奖学金的"学霸",做了多少套题,熬了多少个夜。

聚光灯下的光鲜亮丽,要在台下练习多少年,才能得到那一个机会。

写出了阅读量破十万的文章,不知道之前被拒稿了多少次。

他们现在的熠熠生辉,都是曾经放弃了很多休闲娱乐的机会,只为了心中那个终点。

他们不仅知道自己想要什么，而且敢于不顾一切去努力，不顾他人的眼光和可能的失败，继续往前走。

你想要拥有他们现在的成功，你就得承受他们经历过的痛苦。

成功其实并没有捷径，狠下心来努力和坚持才是最快的捷径。

节制,是另一种高贵

$-1-$

前几天我在知乎上看到这样一个帖子:"如何看待老婆花两个月的工资买一双名牌鞋?"

我翻看了下面的评论,有很多人抨击楼主,认为他太不体贴老婆,老婆很辛苦,就想要一双鞋子去赢回自己的尊严,这有错吗?

还有作者专门写文章说,男人真不懂女人,女人想要的哪里是一双鞋子呀,她明明是要保住她在你心里的地位,让你更在乎她。女人婚后为了家庭,为了事业,已经失去了很多,你还要将她最后的铠甲都卸去。

第五章 理想的人生，是不被生活掌控

看完这些评论，我脸上一个大写的"懵"字，什么时候虚荣也变得这么理直气壮了。先别着急骂我，往下看看再说。

-2-

我猜这位楼主的老婆可能在外面受了很多委屈，所以才要花两个月的工资去买一双鞋，以此来挽回自己的尊严。

现代社会，女性的地位确实比以往提升了很多，女性自强自爱的意识也提高了很多。工作那么辛苦，生活那么累，我们对自己好一点儿怎么了？如果连我们自己都不对自己好，不把自己打扮得美一点儿，还有谁会珍惜我们、爱护我们？

我们可以花很多钱给别人送一份礼，给老公买一只手表，为什么不能花两个月的工资给自己买一双名牌鞋子？

我们为什么不能取悦自己，让自己生活得更快乐，让自己朝着更美的方向前进呢？

有时候，我们买的不是鞋子，而是那一瞬间我们的心动。也许我们以后会有更多的钱买更多双鞋子，可是，那一刻的心动不一定会有了。

-3-

《奇葩说》栏目说过:"很多话看起来理所当然又让我们习以为常,但要警惕的是,一旦我们对某件事深信不疑,傲慢、偏见、歧视就会产生。而怀疑、思考、讨论意味着什么?意味着不被既有观念催眠,不被根深蒂固的成见束缚,意味着学习真正的关心、理解和尊重。"

所以不论是别人的看法,还是自己心里的想法,都试着去从怀疑辩证的角度思考。即便是以上的看法,也都可能是片面的,是值得去思考、去讨论的。

对于网络上的各种观点,我们更得带着鉴别的眼光去看,学会透过现象看本质,不被花哨的说辞干扰,要有自己的主见。

对于女性要不要买买买的话题,我有自己的看法:

第一,人不能被简单的物欲所操纵,而忘记节制一词。

也许只有女人才会理解,我们在试衣镜前看到美丽的自己时,有多想把那件衣服买回家。

小到鞋子、包包,大到房子、车子,没有一件是我们不想要的,我们都想要经济自由,都想过更好的生活,变成更好的人。

但是，你别忘记一件事：日益增长的物质文化需求与暂时落后的经济实力之间的矛盾。

你想买买买，可是兜里是空空空。

还有一句话是物欲天生没有罪，有罪的是你得不到时那种难以控制的欲望。

我们已经不是原始人，不会因为想要得到一件东西就直接去抢夺。我们是有思想的现代人，我们不仅要明白一时的物欲，还要思量下冰冷的现实，我们既懂得诗和远方，也明白当下的苟且。

不懂得控制，一味地放纵自己的物欲，增加自己的生活负担，就是肉体上的高级生物，精神上的低级生物。

第二，你以为你换了一双鞋子，别人就会给你面子吗？

你以为楼主的老婆狠心跺脚花两个月工资买一双名牌鞋子，别人就会看得起她，她就可以挽回尊严了吗？

那你就太天真、太单纯了。

如果你有了一双名牌鞋子，你是不是就得搭配一套配得上它的衣服，换一个稍微高档一点儿的包呢？是不是还得专门去做一下头发，让自己焕然一新呢？不然你怎么能配得上那个名牌包呢？

还有，你总不能背这个名牌包去挤公交、挤地铁吧？

如此一来，你会感觉自己的level（层次）一下子就提升了很多。再看看你眼前的这个小房子，你这份工作，你月薪五千多的老公，是不是都得换了呢？

有些东西真的不是换一双鞋子就可以搞定的，你以为你换了一双鞋子，别人就会给你面子？

知乎上有这样一个帖子：

如果你住豪宅，开的车价值超过一百万，那么，你随意拎一个普通的包，戴着玻璃石头的戒指，朋友都觉得那是真的。你随意在淘宝网上买一件衣服，别人都会问是哪个品牌。反之，如果你开辆价值十万的小轿车，就算你戴个价值十万的钻戒，也会有人怀疑那个钻戒是假的。"一看她家条件就一般，应该是买不起真的。"

这就是现实，你辛辛苦苦地想赢回自己的尊严，反而酿成了另外一个更大的笑柄，何苦呢？

第三，欲望是个无底洞，我们真正要填补的其实是精神空虚。

我们一味地买买买，一方面是为了让自己变得更好，另一方面，我们是在享受购物时的快感和刷卡时的刺激感，我们是在用另外一种方式刷存在感。

但是真正有智商的人，怎么会将如此有意义的人生，寄托在一双鞋上？

除了这双鞋，还有更多的东西可以证明我们的品位和生活格调。我们内心真正想要获得的东西，可以从更多有意义、有价值的事情上去获得，何苦纠结在一双鞋子上呢？

反之，我们为了这双鞋，为了这短暂的欢喜和快感，如果被信用卡、银行、工作等事情绑架，这才是捡了芝麻，丢了西瓜呢。

第四，求你了，千万别拿女性身份说事。

我知道，很多女生都觉得只有买买买，才能证明他对她的爱。

诚然，无论是恋爱还是婚姻，很多事情是需要男生买单的，但是这并不意味着女生就可以心安理得地享受。男生买单的背后，是女生在其他方面所付出的可以和男生的付出相对等，只不过分工不同，各司其职罢了。

千万不要单纯地以为只有买买买才能解决生活中的一切问题，才能证明那是爱。

拿三毛的一句话来说:"我不喜欢你,百万富翁我也不嫁;我喜欢你,千万富翁也嫁。"

我们在一起,我们分手了,很多时候真的跟钱没有什么关系。

所以,千万别拿女性身份说事,这样不仅于事无补,反而还会造成男性对女性的错误认知,引起更多不必要的误会,让他们单纯地认为:你们女人,不就是这样吗?

拜托!有的时候,真的不是这样。

— 4 —

不要一味地给自己的购物欲找借口,一味地放纵物欲、拼命消费,给你带来的不仅是生活上的负担,还有可能是精神上的空虚。

买买买,只是饮鸩止渴,让你傻乎乎地将钱掏给商家,还觉得自己很有优越感。

相比于买买买,学会自控才是你当前最重要的事情。

成年人的生活，更多的是责任

— 1 —

我最讨厌喝酒了，尤其是不熟悉的人过来劝酒，我就想把杯子里的酒全部灌到他的胃里去。

当然，只是想想。

然而毕业以后做财务，每一次部门聚会，都会有各种领导，各种推杯换盏，下属向领导挨个敬酒，领导再回来敬你一遍，同事间再过来敬一下，顺便给你添满。

一桌饭菜还没有怎么吃，整个人已经饱了。

总有人说："做财务的怎么能不会喝酒呢？咱们董事长就是财

务出身的，酒量可好了。你们某某同事毕业刚工作的时候，那酒量可不是吹的。"

我总是在想：这些话我都听腻了，你们怎么还没说腻呢？

记得工作以后第一次部门聚餐的时候，也是那个样子，一群人围在一张桌子上，吃饭，喝酒，还没吃几口菜，就要站起来举杯，或者被拉过去敬酒。中间的细节已经记不太清楚了，只记得大家都喝得晕乎乎的，准备回去。

我们先出门的，已经在电梯里面等着了，财务主管和几个后进门的跟领导道完别，走出来。一进电梯门，不知怎么地，财务主管整个人瘫倒在了地上，没有反应。当时把我们吓坏了。

一个庞大的身躯，几个大男生费了好大力气，才把他挪到酒店大堂的沙发上，让他缓了缓。

那是我第一次见到别人喝成这样，心里不知道什么感受。

后来的聚餐上，依然是这样，一次比一次厉害，我每次看到那满满一杯酒，明明恶心得想吐，还要收住情绪笑脸相迎，将它全部一口气喝下去。即使身边有人因为酒精过敏，被送到了医院，聚会喝酒这种习气也从未改变过。

第五章 理想的人生，是不被生活掌控

我很不喜欢这样，不喜欢喝酒，不喜欢明明是讨厌的人，却要微笑着寒暄，不喜欢明明很难受，还要强撑着。

但是，我也知道，即使不喜欢，我也要忍下去，不能再意气用事，毕竟，我们已经过了可以随意任性的年纪，也没有任性的资本。

-2-

几个月前，表哥给我打电话，支支吾吾，欲言又止，最后犹豫着说出了事情。

姨父因为突发事件被送到了医院，进行抢救后，要住院治疗。即使是最普通的医院，一天的住院费以及治疗费也得好几千，更别提手术费和其他费用。

表哥家和我们家一样，是普通的农民家庭，父母的收入本来就不多，更全是花在了儿女的读书教育上面。他们家去年刚盖了新房，在农村，对于一个刚成年的小伙子，盖新房是很重要的一件事情，为了娶媳妇时不被人嫌弃，也可以给婚后的子女一个独立的空间。

盖新房子几乎将他们家的家底掏空了，还有一点点外债。再

出了这事，真的是屋漏偏逢连夜雨。

表哥无奈地跟我说，他才刚毕业，一点儿积蓄都没有，忽然就出了这事，他真的不知道要怎么办才好了。

表哥刚毕业，认识的朋友大部分也是刚毕业的学生，基本都没什么积蓄。表哥看着自己的银行卡余额和病床上的父亲，有种空前的绝望和无力感。

看着他无能为力的样子，我也很害怕。

我一直都很愧疚，愧疚父母辛辛苦苦将我养这么大，我却没能为他们做些什么。每每回家看到父母忙前忙后的样子，就有说不出的心酸。

我多想赶紧让自己变得强大起来，好让父母可以不用那么辛苦。

有一个不得不承认的事实：我在一点点长大，父母却在一点点老去。我真的担心，万一父母有一天身体不适，我连让他们放心去医院的底气都给不了，那才真的叫不孝。

人们常说，莫欺少年穷。可是少年除了穷，更多是害怕，害怕因为穷产生的遗憾。

第五章 理想的人生，是不被生活掌控

-3-

《非诚勿扰》有一期，一个离了两次婚的大叔来相亲。

大叔很幽默，很自信，长相不赖，也很有趣。

记得那个大叔说，从他年轻的时候到现在，追他的女孩子不知道有多少，只要他想追的，也一定可以追到。

但是大叔是那种性情中人，不愿意为世俗生活所困扰，喜欢肆意洒脱的生活，说白了，就是想干什么就干什么，说走就走的旅行，说不干就不干的工作。

不愿意被一些事情羁绊，就想过无拘无束的生活。

大叔有两个孩子，一个被判给了第一任妻子，另外一个孩子第二任离婚时跟着大叔生活。

大叔最后没有牵手的原因是，他喜欢打麻将，基本每天都要打，所以如果有人限制他打麻将，这事基本没得商量。

黄澜说："很难说这样的生活理念有什么问题，每个人都有自己选择喜欢的生活方式的权利。"

可是成年人需要学会平衡两件事情，那就是我愿意和我应该。我愿意代表着兴趣，我喜欢做什么，我愿意过怎样的生活；我应该代表着责任，我必须要做些什么，付出什么。

小时候的我们天真无烦恼，那是因为有大人帮我们承担着责任，呵护我们的童年。

可是成年之后，一味地追求任性，将任性当成可爱，那是长不大的小孩。

我们是时候承担起自己的责任了，而不是再让父辈去为我们承担，我们也该给他们一份安全感了。

-4-

我看过无数篇"别再熬夜了"的文章，甚至我自己都会写，让大家早点睡，熬夜的坏处，我都能背出来，然而我还是不能早睡，因为还有事情没有完成。

我也看过无数篇文章：年轻人要把钱花出去，而不是存着。可是我依然守着银行卡里可怜巴巴的工资，一毛钱都不敢多花，就怕有个万一，给自己留遗憾。

菜姐曾经问过我："真搞不懂，你们到底是为了什么？白天上班，晚上写东西，牺牲了自己的业余时间，累得要死还赚不了什么钱，再把自己的身体搞垮，你们图什么？"

第五章 理想的人生，是不被生活掌控

说兴趣爱好，不忘初心是真的。但是，还有一大半原因就是想迅速让自己变得强大起来、有能力起来，而不是遇到什么事，都束手无策。

虽然这样的生活方式真的有点累，虽然我也不知道前面的光在哪里，但总想着能多做一点儿就多做一点儿，能多拼一些就多拼一些，哪怕有一点点的可能性，也想去多改变一些。

我也有自己想去的地方、想做的事情，想去爬山，想出去玩，想去尝试很多新鲜的事物，但是做这些的前提，是要先做好自己本该做好的事情，承担起属于自己的责任。

所谓成年，就是要将责任和兴趣平衡起来，而不是一味地让别人去替你承担责任，去做你应该做的那一部分。

因为是姑娘,所以更要努力呀

$-1-$

好妹妹乐队有一首歌的歌词是这样的:"**杭州的夏天,每一天都下着雨,大雨洗去你的痕迹。**"不得不承认,江南水乡的雨真多呀。

看着外面淅淅沥沥的小雨,我不自觉皱了皱眉,今天爬山的计划又泡汤了。换好衣服,撑着新买的雨伞,去镇上的拉面馆点了份牛肉饺子。

老板娘面无表情地把饺子搁到我面前,不耐烦地问:"要香菜和葱吗?"

第五章 理想的人生，是不被生活掌控

天气不好，出来吃饭的人就少，面馆的生意也不如往常那样火热，偌大的面馆里只能听见老板的叹息声，分外冷清。

看着老板娘格外熟练地从我手里把钱抓过去，迅速拉开抽屉，翻出几个硬币，塞在我手里，动作一气呵成。

这让我有点愣。面前的老板娘，看起来其实比我大不了几岁，却整日一副愁眉苦脸状，对顾客也爱理不理，不爱说话，只是偶尔对丈夫的怒吼声小声抱怨几句，终日只是重复着端饭，数钱，找零钱。

我忽然觉得有点悲哀、有点害怕。我以后的生活会不会跟她一样，整天重复着一件事情，没有期待，没有惊喜，麻木地过完一天又一天。

最近看到一篇文章里写道："有些人的一生，一天就过完了。"

我好害怕，害怕自己的生活就像这句话一样，每天重复着昨天的事情，过着一眼就能看到最后的生活。

—2—

H小姐在微信群里发消息："真的不想干了，好累呀。领着这

么点薪水，还要做这么累的工作，还得面对老板糟糕的脸色与同事的恶意刁难。"

H小姐毕业以后去了杭州的一家上市公司，说是在杭州，都不知道偏僻到哪个犄角旮旯去了，说是上市公司，也没见有多大规模，能学到多少东西。

每天重复着单调烦琐的工作，生活在偏僻的乡村小镇里，正值青春年华的她都要被逼疯了。

"累了就回来呗，回家找一份工作也不见得比你现在的工作差，最起码还有家人跟朋友陪着你呀。"我回复道。

"我也想回去呀，可是毕业还不到一年，薪资那么低，根本没攒下多少钱，辞职回去之后的日常开销以及房租、水电费怎么办呢？一时找不到工作，我总得有后备经济支持呀。"H小姐回复道。

我默默地叹了口气，她的观点也有道理，以后的生活有了经济保障，才敢说辞职就辞职呀。

把辞职书扔老板脸上，是需要底气的，更是需要自身实力的。

第五章 理想的人生，是不被生活掌控

-3-

最近开始坚持写文，有一些朋友知道之后，就问我："你工作很闲吗，怎么有空写东西呀？"

我说不闲呀，累得要死。白天上班，晚上写文，更是累得要虚脱了。

有时候，就呆在那里，大脑里一片空白，怎么也想不起来今天是星期几，接下来要做什么。整个人感觉在空中飘着一样，好像身体和思维都已经不是我的了。

晚上回来对着电脑，手指都要软掉了。

我想，那些程序员猝死前估计就是我现在这种状态吧。

朋友安慰我："既然那么累，那么辛苦，你身体又不好，就别做了呗，安安稳稳好好工作多好呀。"

是呀，安安稳稳多好呀。

可是，我害怕我的生活以后都是一成不变的样子，我害怕自己在安稳中失去了斗志，我害怕，哪天公司辞退我，我连活下去的能力都失去了。

我更害怕，看着朋友都实现了自己的梦想，而我与我想过的

生活背道而驰。

我只是想过自己想过的生活罢了。

-4-

经常有朋友对我说:"女孩子,那么拼干吗,以后找个好老公嫁了不就好了吗?"

我苦笑着说:"哪有那么多好老公,就算我想嫁个好老公,人家凭什么娶个一无是处的我呀?"

我这么拼,只不过是希望以后遇见喜欢的人时,能平等地站在他面前,有底气地对他说:"喂,我有面包,你给我爱情就好了。"

我想要跟你谈一场势均力敌的爱情,在你的事业达到辉煌期时,我站在你身旁也会更有底气。

我希望以后不用围着锅碗瓢盆、孩子老公转,可以有底气地告诉对方:"哎,我俩同样赚工资,家务我们一人一半好不好?"而不想让对方一句话噎死我:"你都是我养的,还有什么资格挑三拣四?"

我希望看见橱窗里好看的衣服和包包,可以自信地走进去,而不是暗暗欺骗我自己："那些东西一点儿都不好看。"

我希望当计划一场说走就走的旅行时，不要苦于囊中羞涩而放弃。

我这么拼，只不过希望可以报答父母的养育之恩，给他们买东西时，不用顾虑太多，让他们生活得更舒坦些。不用在父母生病住院的时候，还要为住院费发愁。

我想要自己成功的速度，超过父母老去的速度。

我这么拼，只不过是想掌握一点儿生活的自主权，可以去选择我想要的生活方式，而不是整日为了柴米油盐发愁。

-5-

谁说女孩子就不需要努力了？

生活不会因为你是女孩子就会对你温柔半分的，而你的竞争对手更不会因为你是女孩子就对你仁慈，饭局上不会因为你是女孩子就让你少喝几杯。

有一句话："这世上，总有一个人，过着你想过的生活。"我不要别人去为我实现我的梦想，我也不要只能看着别人过我想要的生活。

我不要某个午夜梦回的时候，想起自己年少时的梦想，心里只剩下遗憾与自责。

生命就一次，我想把它用在追逐梦想上。

我要通过自己的努力去实现自己的梦想，过自己想要过的生活。

女孩子得更努力，才能赢得别人的尊重，才能拥有自我选择的权利，才能更好地被人疼爱，更幸福地过完这一生。

说真的，那些既漂亮又努力的姑娘，你会不喜欢吗？

没有天赐的平等，只有搏出的公平

—1—

第一次读柴静的《看见》，我看到里面的女人因为长期忍受着男人的家暴，被他们拳打脚踢、无休止地羞辱，过着生不如死的生活，内心被强烈地震撼到了。

在我们接受着男女平等、女性独立的思想教育时，一些偏远地区的女人仍有着如此悲惨的遭遇。而且，弱小的她们无力反击。

现在虽然还有家暴的情况出现，但相比以前，明显少多了。而且，女性对家暴的抗议声也越来越大，她们对此也有自己的底线：只要出现一次家暴，这个人绝对不能要。因为太多的案例告诉我们，家暴有一次，就有第二次，此刻跪在你前面的他，无论有多么楚楚可怜，都不能轻易相信，因为他再次发起疯来可是完全翻脸不认人的。

除此之外，还有另外一种现象，它对一个人造成的伤害不小于家暴。我们却始终没有给予足够的重视，那就是言语羞辱。

言语羞辱虽然不及家暴那样给人造成严重的身体伤害，但是长时间的言语暴力，对心灵和精神造成的创伤，足以让一个人溃掉。

不知道在哪里看到过这样一个故事，和大多数恋人一样，男生和女生经历了相识、相恋、相爱的过程，正要走入婚姻的殿堂时，女生却提出了分手。

大家都很不解，他们在一起七年了，一起度过了最美好的青春，见证了彼此最青涩的样子与最美丽的面容。爱情长跑快要到终点了，她却要退出比赛。

其实事情的起因也不是什么大事，就是在去试婚纱的路上，男生看到了一个长腿女生，身材高挑，面容姣好，然后有意无意

第五章 理想的人生，是不被生活掌控

地对女生说："你看看人家，那腿又细又直，还又高又瘦，再看看你，整一个'土肥圆'。你说，你怎么能长成这个样子呢？"可能只是玩笑话，却让女生的心凉了半截。

试婚纱的时候，当女生满怀期待地站到喜欢的人面前时，迎来的不是惊艳的眼神，而是不耐烦的怠慢和奚落："算了算了，就那样吧，你穿哪一套都那样，没什么区别。"

殊不知这样的话就像压死骆驼的最后一根稻草，彻底让女生对他们的未来失望透顶。

她能想象婚后的生活，她认真用心地做好了早点，却被人以鄙夷的眼神嫌弃着；她像少女一样开心地逛街买裙子，却被说身材那么差，穿什么都一样；她想给自己的孩子提一点儿建议，却被嘲笑见识短浅。

那样的婚姻会把她对生活的热情一点点消磨掉，把她对未来的期待也一点点吞噬掉，会让她对自己失去信心，变得越来越自卑、越来越懦弱。

言语是最苍白的，也是最有力的。长年累月地去羞辱一个人，足以毁掉她的一生，越是亲近，越是伤害。

-2-

　　我特别喜欢一个叔叔,他是做生意的。在生意场上果断刚强,为了一单金额比较大的合同跟人喝酒喝到吐,为了顺利完成一个项目可以好几天不睡觉。

　　他的性格是典型的北方汉子,爽朗直率,说一不二,看到不顺眼的就想上去制止,跟朋友喝酒的时候一不小心什么脏话都能说出来,还动不动就跟人打架。

　　这样一个男人,喝酒抽烟,打架骂人,估计一听到这里很多姑娘在心里都把他默默pass(淘汰)掉了,心里想着:大男子主义。

　　可他一到家就跟换了个人似的,完全开启了小绵羊模式。老婆眉毛往上一挑,他就屁颠屁颠地把新买的键盘拿出来哄他老婆开心。在家从来不敢大声说话,对他老婆做的饭不敢有半点不满,吃完饭立马就积极主动地将碗筷洗了。

　　他在外面有多叱咤威武,在家对老婆就有多温柔体贴。在我们面前也毫不顾忌地对老婆各种宠爱、各种听话,从来不会在意自己会被别人怎么看。看得我们这些旁人一愣一愣的。

第五章　理想的人生，是不被生活掌控

-3-

很多男人在外面工作不顺，不得上司欣赏，回来后就把气撒在女人身上，虽然谈不上家暴，但是会进行各种言语攻击。嫌弃她长得不好看，嫌弃她工资不那么高，嫌弃她做的饭没有外面饭店的好吃，甚至于她的存在，对他来说都是一种干扰。

人在一方面有所缺失之后，就会想尽办法从其他方面补回来。因为自己没本事、没能力，在外面无法获得别人的尊重与认可，回到家之后，就想从女人身上找成就感，因为她很弱小，她能力不够强大，羞辱她可以让他获得暂时的安全感与成就感。

在外面胆小懦弱，回来就要装得强大厉害，借言语羞辱来找到自己的存在感，来维护自己仅剩的那一点儿自尊。

因为只有这样，才不会觉得自己很失败。

可是，他不知道，他现在的每一句言语讽刺，都是在狠狠地抽自己巴掌。

我真的不敢相信，甚至怀疑当初他到底是不是真心爱她。他还记得他第一次遇见她时，他甚至都不敢正面看她，只敢偶尔偷偷地往那个方向瞄一眼，看到那个背影他就放心了。

向她表白成功时,他激动得像个傻子,兴奋地抱着她直转圈,仿佛他是全世界最幸福的人。他发誓要对她好,让她过上最幸福的生活。

当他把她的手从她父亲颤颤巍巍的手里接过来那一刹那,他终于遇到那个对的人,他想跟她厮守终身,一起慢慢变老。

可是现在的他自私懦弱,在外面一事无成,于是回来就把气撒在她身上。他早就忘了,那可是他当时口口声声说要保护的人啊。

真正的强大,是对待困难的不屈不挠,对待失败的冷静客观,是在外面勇敢拼杀,回到家之后,卸去一身铠甲,放下全部的防备,还有一个温暖的小窝等着你。

而不是在外面受了委屈,把这个家当成情绪垃圾桶。那样不仅不会显得你很厉害,反而会令别人更加看不起你。

所以呀,你想要强大,要想获得别人的尊重与认可,就去外面努力奋斗,将你最真诚、最温柔的一面留给那个守护你、愿意与你相伴一生的人身上吧。

真正的强大,是自我内心的强大,是自我价值的实现,而不是凭着对你的枕边人羞辱,获得自信。

姑娘，愿你单纯也光芒万丈

身为一个女孩子，谁不希望自己在伤心难过的时候，身边有一个肩膀可以依靠；半夜失眠的时候，有人可以陪着说话聊天，遇事再也不用逞强地说"我能行"。

我们的内心深处，都想做那个可以撒娇、可以笑、可以闹的小公主。

可是，我们已经学会用一层又一层的面具伪装自己，让自己笑着去迎接生活。

— 1 —

公司部门聚餐，少不了又要推杯劝酒。

"哎，你们几个小姑娘怎么不喝酒呀，来来来，给她们满上。"一边的领导笑嘻嘻地指示。

"哎，你们几个，快去敬敬领导，领导平常对你们多照顾呀。"旁边的经理忙给我们满上酒，把我们推出去。

"你们几个小姑娘，酒量不行啊。想当年，小王刚进公司的时候，可是几圈下来都面不改色，还带吹瓶呢？你们几个小姑娘，多跟小王学学。"另一边的一位老同事有点不高兴地埋怨着。

小A今天身体不太舒服，不能多喝酒，但是这样的理由并没有得到领导们的谅解，依然是一杯又一杯地灌着。

小B比较实诚，别人敬酒她就喝，别人让她干杯，她就干杯，还没怎么吃菜，几瓶酒就下肚了，满脸通红，说话也开始结结巴巴。

毕竟是刚毕业的大学生，你能指望她们有多大的酒量呢？但是领导们好像根本没有注意到这一点，笑着说着，给她们上这进入社会的第一堂课。

-2-

刚进公司的时候，总觉得公司没有人情味，这些人都太冷血，没有感情。

她们每天画好淡妆，擦着口红，穿着高跟鞋优雅地到公司上班，熟练地处理自己的业务，用十分礼貌但是又不缺乏亲切的口气跟客户沟通。

她们对待下属严厉苛刻，能准确地掌握那个点，可以有效地提醒下属又不至于让下属太过难堪。

她们对待同事看似亲切实则保持安全距离，表面看起来跟你谈笑风生，实则却在短短几句话之内跟你宣示了某个项目的所有权。她们能处理好跟同事之间的关系，又会很好地保护自己。

刚进公司的我看到这一些，觉得她们虽然很优秀，可是真的好累呀。我们就不能直截了当地把自己想说的表达出来吗，为什么非要拐弯抹角偷偷暗示呢？

我们就不能真诚一点吗？我们为什么要给自己一层又一层的伪装，我们就不能简单地生活，单纯地活着吗？

-3-

后来，我才慢慢意识到，想要单纯，哪有那么容易，尤其在社会这个大染缸里。

小时候，我们想吃什么，父母就给我们买什么。我们不开心了，我们哭，我们闹，总有父母哄着我们。我们砸坏了邻居家的玻璃，与别人家的小孩打架了，总有父母出面解决。

上学的时候，我们考试考得不好，老师、同学会安慰我们、鼓励我们。我们组团出去旅游，也不用担心迷路，因为老师一定会找到我们的。

我们在家长、老师的呵护下，无忧无虑地成长，即便是高中时的忧伤，也是为赋新词强说愁。

我们快乐幸福地长大，不用考虑衣食住行的花费，不用承受房贷、车贷的压力。

那个时候的我们最单纯，也最幸福。

可是，我们没有意识到，我们不用承担，并不代表这些事情并不存在。我们过着单纯无忧的学生时代，可是家长、老师为我们操碎了心。

他们牺牲了自己的兴趣爱好以及休闲时间，牺牲了自己最美好的年华，才能让我们幸福快乐地成长，让我们无忧无虑地生活，才换来我们的单纯美好。

我们的单纯，是他们的无怨无悔的辛苦以及心甘情愿的付出

第五章　理想的人生，是不被生活掌控

换来的。

你想要的单纯，是别人在替你买单。

-4-

而进入社会之后，我们也逐渐意识到，社会既有美好善良的一面，也是一个险恶丛生的地方。

你不知道，今天跟你称兄道弟的同事，明天就在你上司那里说你"埋怨工作量大"；明明部门里你最辛苦，业绩最好，上司却把升职机会给了那个最会溜须拍马的人；你认真地去跟客户谈判，却因为没化妆被人家说不专业。

于是，你在伤心难过之后，开始慢慢改变自己。

你不再轻易地跟别人掏心窝子，也不再跟同事抱怨公司的福利不好。

你认真学习化妆，学习穿衣打扮，只为了看起来更优雅一些、更专业一些。

被上司批评了，也不会哭鼻子寻求安慰，只是默默地回到岗位上继续工作，想着如何改正。

恭喜你，你终于完成了属于自己的完美蜕变。

— 5 —

很多男生跟我抱怨，大学里真是美好，那些女生都很善良、很单纯，她们跟你谈恋爱，也不会让你给她买包、买礼物，也不要求你有房、有车，真好。

怎么一毕业，这些女生都变得那么势利了呢？在乎你的存款，在乎你的薪资，就不能单纯谈个恋爱吗？

呵呵。

大学里，是因为她们傻，傻到相信你的承诺，相信你会对她们好一辈子，傻到相信即使你一无所有，也会全心全意地爱她。她们别无所求，只要你的爱。

可是你呢，你不仅给不了她们物质，给不了她们更好的生活，你还不够爱她们，不够心疼她们。吃饭AA制，也不给她们送礼物，一不开心就说她们太物质，不单纯了。

不好意思，想要这样单纯的姑娘，你还是再读四年大学吧。现在的大学生估计比你还精。

别人可以不看重你的房、你的车，但是你总得有值得别人和你在一起的地方呀。你说你爱她，你有足够爱她的行动吗？你说你是潜力股，你有上进的决心与工作计划吗？你说你没钱但是能

第五章　理想的人生，是不被生活掌控

力强，你在公司的业绩又如何呢?

-6-

偶尔，有人会跟我说:"你变了，你不再是以前那个单纯善良的小女孩了。"我愣了一下，然后笑了笑。

我不再单纯，是因为我不想再让别人为我的任性、我的单纯买单，我已经懂得生活的责任与成长的艰辛，我想自己独立地走下去。

我不再单纯，是因为我不想只靠自己的心情做事情，我要适应这个社会的运行规则，更好地活下去。

我不再单纯，是因为我知道很多事情别人都帮不了我，只有靠自己，只有让自己变得强大，人生这条路，才会走得更远。

我不再单纯，是因为我想变成更美好的自己，我想活得更漂亮。

不是我不单纯了，而是我已经慢慢学会看清楚一些事物，有些人是真心为我好，值得我珍惜，而有些人，永远都是嘴上功夫，着实不用浪费时间。

不是我不单纯了，而是我更成熟了。

如果可以，我愿意做个看过繁华万千，经历过世事沧桑，外表成熟稳重，但是内心仍然单纯依旧的小姑娘。